新视野电子电气科技丛书

U0182280

信号与系统实验教程

微课视频版

孙　霞　杨剑利　何启莉　主编
刘泽奎　黄利锋　编著

清华大学出版社
北京

内 容 简 介

《信号与系统实验教程(微课视频版)》作为电子信息类专业的实验指导教程,主要培养学生的实践动手能力和创新能力。本书以 LTE-XH-03A 信号与系统综合实验箱为基础,开展信号与系统相关实验的介绍。书中所给实验项目几乎能满足各个高校开展信号与系统实验的需求,同时也能提供信号与系统虚拟仿真实验的操作指导。本书共介绍了 20 个基础实验、10 个扩展实验。书中的每个实验都给出实验目的、实验原理、实验仪器、实验步骤和实验任务及要求。

本书以能力培养为主线,实验原理深入浅出,实验步骤清晰明了,实验任务及要求难易结合,从基本技能训练到综合技能培养,充分发挥每个学生的实验积极性和创新精神。本书可作为电子信息类专业的实验指导教程,用于信号与系统等相关课程的实验环节。

图书在版编目(CIP)数据

信号与系统实验教程:微课视频版/孙霞,杨剑利,何启莉主编.—北京:清华大学出版社,2024.1
(新视野电子电气科技丛书)
ISBN 978-7-302-65226-7

Ⅰ.①信… Ⅱ.①孙… ②杨… ③何… Ⅲ.①信号系统-实验-教材 Ⅳ.①TN911.6-33

中国国家版本馆 CIP 数据核字(2024)第 035936 号

责任编辑:文 怡
封面设计:王昭红
责任校对:郝美丽
责任印制:刘海龙

出版发行:清华大学出版社
 网 址:https://www.tup.com.cn,https://www.wqxuetang.com
 地 址:北京清华大学学研大厦 A 座   邮 编:100084
 社 总 机:010-83470000   邮 购:010-62786544
 投稿与读者服务:010-62776969,c-service@tup.tsinghua.edu.cn
 质量反馈:010-62772015,zhiliang@tup.tsinghua.edu.cn
 课件下载:https://www.tup.com.cn,010-83470236
印 装 者:三河市人民印务有限公司
经 销:全国新华书店
开 本:185mm×260mm   印 张:7.75   字 数:188 千字
版 次:2024 年 3 月第 1 版   印 次:2024 年 3 月第 1 次印刷
印 数:1~1500
定 价:39.00 元

产品编号:100995-01

FOREWORD

"信号与系统"是电子信息类专业的一门重要的专业基础课程,而实验又是学习这门课程的重要实践环节,对于学生的实践动手能力、分析能力、创新能力的培养和提高具有重要的作用。为了适应现代教学的要求,我们在总结多年的教学实践和教学改革经验的基础上编写了《信号与系统实验教程(微课视频版)》,书中实验项目以 LTE-XH-03A 信号与系统综合实验箱为支撑,同时兼顾虚拟仿真实验项目需求。与以往的实验教材比较,本书在宗旨和内容上都有了较大改变,除了保持必需的基础实验外,还增加了扩展实验,旨在更有效地培养学生的实验技能和创新能力,促进学生全面而富有个性的发展。

本书共 4 章,第 1 章为信号与系统综合实验概述,主要介绍了 LTE-XH-03A 信号与系统综合实验箱和各实验模块。LTE-XH-03A 信号与系统综合实验箱是专门为"信号与系统"课程设计的,基于多年的教学实践,不断改进调整,提供了信号的时域、频域分析等实验手段。第 2 章安排了 20 个信号与系统的基础实验,加深学生对所学信号与系统的理论知识的理解,帮助学生掌握各类信号的产生及测试方式,各类电信号的分解、合成的设计方法,各类电信号的模拟设计方法,通过"做中学"与"学中做",逐步获得知识、掌握技能。第 3 章安排了 5 个信号与系统的二次开发综合实验,不仅包括功能实现的实验,使学生掌握一些电路系统的典型应用,培养学生独立设计实验和综合实验的能力,还包括系统调试方法的实验,进一步培养学生解决实际问题的能力。第 4 章安排了 5 个音频信号处理实验,以语音信号为例,加强学生对信号采集、计算、分析过程的理解,为实际应用提供支撑。

本书提供了实验参考技术路线,旨在抛砖引玉,读者不必受此约束以完成任务为目标,根本目的还是培养分析问题和解决问题的能力。读者可通过查阅参考资料、相互探讨等方式完成实验,锤炼意志、培养协作精神,进而形成正确的价值观。

由于编者水平有限,不足之处在所难免,敬请读者批评指正。

编　者
2023 年 10 月

CONTENTS

第1章

信号与系统综合实验概述

信号与系统实验是电子信息类专业重要的教学实践环节之一,通过相关实验教学,在巩固深化理论知识理解、拓展理论知识应用方面具有重要作用,对培养学生的理论联系实际、分析问题、解决问题、创新思维能力发挥一定作用。书中所列实验和"信号与系统"课程理论教学内容一致,以 LTE-XH-03A 信号与系统综合实验箱为实验平台。为了便于实验操作,使学生独立完成实验,充分发挥学生的主观能动性,本章对实验系统及模块进行介绍。

1.1 系统总体介绍

LTE-XH-03A 信号与系统综合实验箱是专门为"信号与系统"课程设计的,基于多年的教学实践,不断改进调整,提供了信号的时域、频域分析等实验手段。其主要功能有:利用该实验箱可进行阶跃响应与冲激响应的时域分析;借助于数字信号处理(DSP)技术实现信号频谱的分析与研究、信号的分解和合成的分析与实验;抽样定理和信号恢复的分析与研究;连续时间系统的模拟;一阶、二阶电路的暂态响应;二阶网络状态轨迹显示、各种滤波器设计与实现等内容的学习与实验。

实验箱自带实验所需的电源、信号发生器、扫频信号源、数字电压表、数字频率计,其中数字电压表和数字频率计均采用自行设计电路,让仪表部分与本实验系统充分配合。

实验箱采用 DSP 技术,将模拟电路难以实现或实验结果不理想的"信号分解与合成""信号卷积"等实验准确地演示,并能生动地验证理论结果;可系统地了解并比较无源、有源、数字滤波器的性能及特性,学会数字滤波器的设计与实现。

实验箱配有 DSP 标准的联合测试工作组(JTAG)接口及 DSP 与个人计算机(PC)的通信接口,方便学生在我们提供软件的基础上进行二次开发(可用仿真器或不用仿真器),完成一些数字信号处理、DSP 应用方面的实验,如各种数字滤波器设计、频谱分析、卷积、模/数(A/D)转换、数/模(D/A)转换、DSP 定时器的使用、DSP 基本输入/输出(I/O)接口使用等。

考虑到实验内容的层次性,在数字信号处理部分直接固化了实验必需的程序代码,通过拨码开关及单片机主机接口(HPI),可以方便地进行实验内容的选择。

该系统可选的实验模块有:

模块 Ⓢ1:电压表和直流信号源模块。

模块 Ⓢ2:信号源和频率计模块。

模块 Ⓢ3:抽样定理和滤波器模块。

模块 Ⓢ4:数字信号处理模块。

模块 Ⓢ5:一阶网络模块。

模块 Ⓢ6:二阶网络模块。

模块 Ⓢ7:系统相平面分析和极点对频率响应特性的影响模块。

模块 Ⓢ8:调幅和频分复用模块。

模块 Ⓢ9:基本运算单元和连续系统模拟模块。

模块 Ⓢ10:数据采集和虚拟仪器模块(选配模块)。

1.2　实验模块介绍

本节分别对实验箱上的实验模块做进一步介绍。

模块 Ⓢ1:电压表和直流信号源模块

此模块主要包含电压表和直流信号源两部分。电压表可测量直流信号的幅度及交流信号的峰-峰值,直流信号的测量幅度范围为$-10\sim10\mathrm{V}$,交流信号的峰-峰值测量范围为$0\sim20\mathrm{V}$(测量交流信号的频率范围为$100\mathrm{Hz}\sim200\mathrm{kHz}$)。直流信号源可输出$-5\sim+5\mathrm{V}$幅度连续可调直流信号。

模块简要说明:

S1:模块的供电开关。

S2:选择测量的外部信号为交流信号或直流信号。

P1、P2:直流信号 1 和 2 的输出端口。

P3:电压表的输入端口(外部信号输入)。

W1、W2:直流信号电压的控制旋钮。

模块 Ⓢ2:信号源和频率计模块

该模块用于模拟信号源、扫频信号源、频率计以及时钟信号源功能。模块 Ⓢ2 可调旋钮、指示灯、按键、开关以及测试端口的位置标识如图 1-1 所示。

1. 模块端口及测试点简要说明

P1 为频率计输入端口。

P2 为模拟信号输出端口。

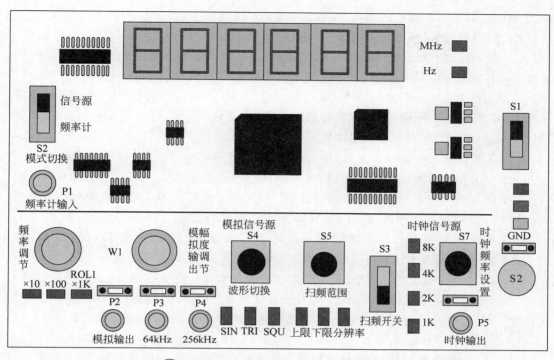

图 1-1　模块 (S2) 可调旋钮、指示灯、按键、开关以及测试端口的位置标识

P3 为 64kHz 载波输出端口。

P4 为 256kHz 载波输出端口。

P5 为时钟信号源输出端口。

S1 为模块的供电开关。

S2 为模式切换开关，开关向上拨选择"信号源"模式，开关向下拨选择"频率计"模式。

S3 为扫频开关，开关向上拨开始扫频，开关向下拨停止扫频。

S4 为波形切换旋钮。

S5 为扫频设置旋钮。

S7 为时钟频率设置旋钮。

W1 为模拟信号输出幅度调节旋钮。

ROL1 为模拟信号频率调节旋钮。轻按旋转编码器可选择信号源频率步进。顺时针旋转增大频率，逆时针旋转减小频率。频率旋钮下有三个标有 ×10、×100、×1K 的指示灯指示频率步进。亮的 LED 与频率步进关系见表 1-1。

表 1-1　亮的 LED 与频率步进关系

亮 的 LED	频 率 步 进	亮 的 LED	频 率 步 进
×10	10Hz	×10×1K	10kHz
×100	100Hz	×100×1K	100kHz
×1K	1kHz	×10×100×1K	1MHz

2. 模拟信号源功能说明

模拟信号源主要有 P2、P3 和 P4 三个输出端口。其中：P3 端口输出固定幅度和固定频率为 64kHz 的正弦波信号。

P4 端口输出固定幅度和固定频率 128kHz 的正弦波信号。

P2 端口输出的波形为正弦波、三角波、方波。P2 端口输出信号通过 S4 进行切换波形。其频率可以通过 ROL1 来调节,正弦波频率的可调范围为 10Hz～2MHz,三角波和方波频率的可调范围为 10Hz～100kHz。其输出幅度可由 W1 控制,可调范围为 0～5V。(**注意：使用 P2 端口输出信号时,需将 S3 拨至 OFF。**)

可进行如下操作,以便于熟悉信号源功能的使用:

(1) 实验系统加电,将 S3 拨至 OFF,按下 S4,如选择输出正弦波,则 SIN 指示灯亮。

(2) 用示波器观测 TP2 测试点或 P2 端口,可观测到正弦波。

(3) 调节 W1,可在示波器上观测信号幅度的变化;按下 ROL1 可选择频率步进挡位,再旋转 ROL1 可改变频率值,在示波器上观测信号频率的变化。

(4) 再按下 S4 选择三角波,TRI 指示灯亮,用示波器在 TP2 测试是可以观测三角波。

(5) 按下 S4 选择方波,SQU 指示灯亮,用示波器在 P2 端口观测方波。

(6) 在 P2 端口输出方波情况下可设置方波的占空比:长按 ROL1 2s,数码管会显示"50",表示已切换到占空比设置功能,且当前占空比为 50%;然后通过 ROL1 来调节方波的占空比,其可调范围为 6%～93%;若再次快速按下 ROL1,则切换回频率调节功能。

3. 扫频信号源功能说明

只有当 S3 拨至 ON 时,才能开启扫频信号源功能。开启扫频信号源功能后,扫频信号输出端口为 P2,幅度为 3.8V,可用示波器观测,如图 1-2 所示。

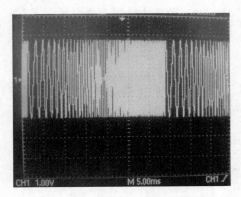

图 1-2　扫频信号源信号实测图

注:频率上限设置为 10000Hz,频率下限设置为 500Hz,分辨率设置为 100。

扫频信号源主要通过 S5、ROL1 以及 W1 进行调节。具体方法是:模块开电,将 S3 拨至 ON,即开启扫频功能;"上限"指示灯亮时,可通过 ROL1 改变扫描频率的终止点(最高频率),调节的频率值在数码管上显示。再按下 S5,"下限"指示灯亮时,可通过 ROL1 改变扫描频率的起始点(最低频率),调节的频率值在数码管上显示;再按下 S5,"分辨率"指示灯亮时,可通过 ROL1 改变扫描频率的起始点(最低频率),数码管无显示,调节 ROL1 设置"下限频率"和"上限频率"之间的频点数。一般而言,频点数越少,扫频速度越快;频点数越多,扫频速度越慢。

4. 频率计功能说明

频率计具有内测模式和外测模式,可通过 S2 来选择。当 S2 拨至"信号源"时,数码管显示当前 P2 端口的输出频率;当 S2 拨至"频率计"时,频率计可测量外部引入信号的频率值,其输入端口为 P1 端口。

频率计的测量范围为 1Hz～2MHz,精确度为 98.6%。

5. 时钟信号源功能说明

时钟信号源由 P5 端口输出时钟信号。可通过 S7 切换输出 1kHz、2kHz、4kHz、8kHz

四种频率,选择其中一种频率时,相应指示灯会亮。

模块 S3:抽样定理和滤波器模块

模拟滤波器部分提供了多种有源无源滤波器,包括无源低通滤波器、有源低通滤波器、无源带通滤波器、有源带通滤波器、无源高通滤波器、有源高通滤波器、无源带阻滤波器和有源带阻滤波器,学生可以根据自己的需要进行实验。模块提供了 8 个信号输入点。

P1:无源低通滤波器信号输入点。

P5:有源低通滤波器信号输入点。

P9:无源带通滤波器信号输入点。

P13:有源带通滤波器信号输入点。

P3:无源高通滤波器信号输入点。

P7:有源高通滤波器信号输入点。

P11:无源带阻滤波器信号输入点。

P15:有源带阻滤波器信号输入点。

提供了 8 个信号输出点(相应的测试点)。

P2:无源低通滤波器信号输出点(相应的测试点为 TP2)。

P6:有源低通滤波器信号输出点(相应的测试点为 TP6)。

P10:无源带通滤波器信号输出点(相应的测试点为 TP10)。

P14:有源带通滤波器信号输出点(相应的测试点为 TP14)。

P4:无源高通滤波器信号输出点(相应的测试点为 TP4)。

P8:有源高通滤波器信号输出点(相应的测试点为 TP8)。

P12:无源带阻滤波器信号输出点(相应的测试点为 TP12)。

P16:有源带阻滤波器信号输出点(相应的测试点为 TP16)。

在该模块上还设置了抽样定理实验。通过本实验可观测到抽样过程中的各个阶段的信号波形。在模块上共有 3 个输入点、2 个输出点及 2 个信号测试点。

P17:连续信号输入点(相应的测试点为 TP17)。

P18:外部开关信号输入点。

P19:抽样信号输入点。

P20:连续信号经抽样后的输出点(相应的测试点为 TP20)。

P22:抽样信号经滤波器恢复后信号的输出点。

TP21:开关信号测试点。

TP22:抽样信号经滤波器恢复后的信号波形测试点。

模块上的调节点:

S1:模块的供电开关。

S2:选择同步抽样和异步抽样的开关。当开关拨向左边时选择同步抽样,当开关拨向右边时选择异步抽样。

W1:调节异步抽样频率旋钮。

模块 Ⓢ4：数字信号处理模块

1. 数字信号处理模块功能说明

数字信号处理模块采用多种可编程器件,具有多种实验功能。该模块主要通过拨码开关 SW1 的拨码值选择所需要的功能。SW1 的拨码值可参考表 1-2 说明设置,或者根据具体实验项目的操作步骤要求设置。

表 1-2　SW1 拨码值设置与对应的实验内容

SW1 设置	实验内容
00000001	常规信号观测
00000010	矩形信号自卷积
00000011	矩形信号与锯齿波卷积
00000100	1kHz 或 2kHz 方波信号分解与合成
00000101	400Hz、500Hz 或 600Hz 方波信号分解与合成
00000110	相位对 400Hz、500Hz 或 600Hz 信号合成的影响
00001000	数字频率合成
00001011	相位对 1kHz 或 2kHz 信号合成的影响
00001100	用于抽样恢复的数字滤波器(S3 对应 1kHz、2kHz、3kHz、4kHz、5kHz、6kHz、7kHz、8kHz 滤波器)
00001101	抽样功能(S3 对应 1kHz、2kHz、4kHz、8kHz、16kHz、32kHz、64kHz、128kHz 抽样频率)
00001110	频谱分析

注:SW1 的某个码位拨至 ON 时,表示拨码值为 1。例如,拨码开关状态为 ▦▦▦▦▦▦▦▦ ,则该拨码值为 00001101。

2. 模块上印制电路板(PCB)丝印标识及端口简要说明

P9:模拟信号输入。

TP9:从 P9 输入的信号经幅度调整的测试点。

P1、P2、P3:基波、二次谐波、三次谐波的输出点(相应的测试点为 TP1、TP2、TP3)。

TP1、TP2、TP3、TP4、TP5、TP6、TP7、TP8:这些测试点的输出波形与模块设置的具体功能相关。当模块用于信号分解与合成功能时,TP1、TP2、TP3、TP4、TP5、TP6、TP7、TP8 八个测试点分别是方波分解信号的一次谐波、二次谐波、三次谐波、四次谐波、五次谐波、六次谐波、七次谐波、八次及以上谐波。当模块用于方波信号自卷积功能时,TP1 为方波自卷积的输出测试点。当模块用于方波与锯齿波的卷积功能时,TP1 为卷积信号输出测试点,TP2 为锯齿波信号测试点(锯齿波信号由模块自身产生,无须外接)。

S2:复位开关。

SW1:8 位拨码开关。通过此开关的设置,可以选择不同的实验内容,如表 1-2 所示。

S3:8 位拨码开关。

(1) 当该模块用于信号分解与合成功能时,S3 分别为各次谐波的叠加开关,当所有的开关都闭合时,合成波形从 TP8 输出。TP1~TP8 为各次谐波的波形的测试点。

(2) 当该模块用于抽样恢复的数字滤波器功能时,可以设置 S3 对应改变滤波器 1~8kHz。比如,当用于抽样恢复的滤波器功能时(SW1 置为 00001100),若 S3 置为 01000000,则表示此时模块为 2kHz 低通滤波器。

（3）当该模块用于抽样功能时，可以设置 S3 对应改变抽样频率，S3 对应 1kHz、2kHz、4kHz、8kHz、16kHz、32kHz、64kHz、128kHz 抽样频率。比如，当模块为抽样功能时（SW1 置为 00001101），若 S3 置为 00100000，则表示此时抽样频率为 4kHz。

（4）当该模块用于常规信号观测时，S3 设置对应的常规信号类型如表 1-3 所示。

表 1-3　S3 设置对应的常规信号类型

开关 S3 设置	模块用于常规信号观测功能时 TP1 输出波形
10000000	指数增长信号
01000000	指数衰减信号
00100000	指数增长正弦信号
00010000	指数衰减正弦信号
00001000	抽样信号
00000100	钟形信号

J1：串口转 USB 通信接口，主要用于计算机上位机软件与模块之间的通信连接功能。

模块⑤：一阶网络模块

1．一阶电路暂态响应部分模块

用户可以根据自己的需要在此模块上搭建一阶电路，并观测实验波形。测试点：

TP1、TP4：输入信号波形测量端口。

TP6、TP7：一阶 RC 电路输出信号波形测试端口。

TP8、TP9：一阶 RL 电路输出信号波形测试点。

信号插孔：

P1、P4：信号输入插孔。

P2、P3、P5、P6、P7、P8、P9：电路连接插孔。

2．阶跃响应、冲激响应部分模块

在此部分，用户接入适当的输入信号，可观测到输入信号的阶跃响应和冲激响应。测试点：

P10：冲激响应时，输入信号波形的测试端口（相应的测试点为 TP10）。

P11：电路连接插孔（冲激信号测试点为 TP11）。

P12：阶跃响应时，输入信号波形的测试端口（相应的测试点为 TP12）。

TP14：冲激响应、阶跃响应信号输出测试点。

3．信号无失真传输部分模块

P15：信号输入点。

TP16：信号经电阻衰减测试点。

TP17：信号输出测试点。

W2：阻抗调节电位器。

模块⑥：二阶网络模块

1．二阶电路传输特性部分模块

采用 LM741 搭建的两种二阶电路，可观测分析信号经过不同二阶电路的响应及二阶电路特性。

信号插孔和测试点：

P1、P2：信号输入插孔。

TP3：二阶 RC 电路传输特性测试点。

TP4：二阶 RL 电路传输特性测试点。

2. 二阶网络状态轨迹部分模块

此部分除完成二阶网络状态轨迹观测的实验,还可完成二阶电路暂态响应观测的实验。

信号插孔和测试点：

P5：信号输入插孔。

TP5：输入信号波形测试点。

TP6、TP7、TP8：输出信号波形测试点。

3. 二阶网络函数模拟部分模块

通过电系统来模拟非电系统的二阶微分方程,P9 为阶跃信号的输入点(相应的测试点为 TP9)。

Vh：反映的是有两个零点的二阶系统,可以观测其阶跃响应的时域解(相应的测试点为 TP10)。

Vt：反映的是有一个零点的二阶系统,可以观测其阶跃响应的时域解(相应的测试点为 TP11)。

Vb：反映的是没有零点的二阶系统,可以观测其阶跃响应的时域解(相应的测试点为 TP12)。

W3、W4：对尺度变换的系数进行调节。

模块 Ⓢ7：系统相平面分析和极点对频率响应特性的影响模块

1. 系统相平面分析部分模块

P1：固定系统的信号输入端口。

P2：固定系统的信号输出端口。

P3：系统特性可变系统信号输入端口。

P4：系统特性可变系统信号输出端口。

W1：可调节系统相位特性旋钮。

2. 极点对频率响应特性的影响部分模块

P5：系统反馈接入点。

P6：系统信号输入点(通过该端口的不同接线方式,可改变系统极点的不同位置)。

P7：信号输出端口。

W2：可调节系统截止频率旋钮。

模块 Ⓢ8：调幅和频分复用模块

此模块可以完成幅度调制及解调、频分复用及解复用的实验,并且可以通过相应的观测点来观测信号的变化情况。

信号插孔及测试点：

P1、P3：载波输入（从模块⑤2的 P3、P4 端口引入），相应的信号测试点为 TP1、TP3。

P2、P4：模拟信号输入（一路由模块⑤2的 P2 端口提供，另一路由数字信号处理模块⑤4提供，相应的测试点为 TP2、TP4）。

P5：幅度调制输出 1（相应的测试点为 TP5）。

P6：幅度调制输出 2（相应的测试点为 TP6）。

P7：复用输入信号 1。

P8：复用输入信号 2。

P9：两路信号经过时分复用之后的输出端口（相应的测试点为 TP9）。

P10：复用信号输入端口。

解复用及解调功能模块部分还包含的测试点。

TP12：信号解复用输出测试点之一。

TP13：信号解复用输出测试点之二。

TP14：解复用信号经解调后信号输出测试点之一。

TP15：解复用信号经解调后信号输出测试点之二。

TP16：解调信号输出 1。

TP17：解调信号输出 2。

模块⑤9：基本运算单元和连续系统模拟模块

此模块提供了很多开放的电路电容，可根据需要搭建不同的电路，进行各种测试，如可实现加法器、比例放大器、积分器及一阶系统的模拟。

信号插孔和测试点：

P1、P2：运算放大器 U1 的输入信号插孔，分别对应运算放大器的 DIP3 和 DIP2。

P3：运算放大器 U1 的输出信号插孔。

P4、P5：运算放大器 U2 的输入信号插孔，分别对应运算放大器的 DIP3 和 DIP2。

P6：运算放大器 U2 的输出信号插孔。

P7～P42：元器件选择插孔。

TP3：运算放大器 U1 的输出。

TP6：运算放大器 U2 的输出。

模块⑤10：数据采集和虚拟仪器模块（选配模块）

此模块通过高速 USB 接口与 PC 相连，将采集到的数据通过 USB 接口实时传输到 PC，以供 PC 做信号处理。PC 处理后的数据信号同时通过 USB 接口实时回传到模块，以供后期信号处理或观测。其主要功能需要通过 PC 软件来实现。目前，PC 端信号处理软件主要能完成以下功能：

（1）实时信号采集和存储。

（2）实时信号快速傅里叶变换（FFT）频谱分析。

（3）实时信号带阻滤波处理。

（4）读取输出指定采集文件数据。

(5) 有限冲激响应(FIR)滤波器设计与滤波器效果验证。

(6) 多种信号卷积展示。

(7) 函数信号发生器。

模块的参数指标如下：

(1) 采用高精度模数转换器/数模转换器(ADC/DAC)来采集和输出数据。ADC/DAC 速率可调,支持范围为 8000~48000Hz。

(2) 支持一路 ADC 抽样输入,两路 DAC 输出。

(3) ADC 抽样输入信号幅度范围为 0~1V。

(4) DAC 输出信号幅度范围为 0~1V。

(5) 两种信号接口：一种是普通台阶座输入孔,可从其他模块引入信号；另一种是 3.5mm 标准传声器和耳机接口,可采集环境模拟音频信号进行处理。

模块目前能完成以下实验项目：

(1) 音频采集及观测实验。

(2) 音频信号采集及 FFT 频谱分析实验。

(3) 语音信号采集及尺度变换实验。

(4) FIR 滤波器设计及验证实验。

(5) 信号卷积及过程展示实验。

模块功能实现主要是依靠 PC 端应用程序,扩展功能强大,进行功能扩展后可增加实验项目及内容。

1.3 实验注意事项

实验注意事项如下：

(1) 实验前检查实验平台上芯片是否有缺失现象,各电源指示灯工作是否正常。

(2) 在实验指导书中如无其他说明,所有输入信号占空比默认为 50%。

(3) 实验中输入信号的幅度和频率均为毫伏表和频率表上的数值。

(4) 注意 IC 芯片的保护,请勿带电插拔芯片,实验中良导体不可放置在实验平台上,以免引起短路。

(5) 正确使用折叠式插头,进行旋转式插拔,勿直接拽线。

(6) 保持实验箱内干燥洁净,以保证器件的可使用性,延长器件使用寿命。

第2章

信号与系统基础实验项目

信号与系统基础实验项目旨在通过实验手段帮助学生深入理解信号与系统的基本概念和知识,掌握相关的实验技能和方法,培养学生的实验能力和科学素质。本章包括 20 个实验项目,每个实验项目都配备有实验器材清单、实验原理、实验步骤和实验报告撰写要求等详细信息,能够引导学生完成实验、分析实验数据,帮助学生全面掌握信号与系统基础实验的相关知识和技能,提高实验能力和实践操作技能,同时为后续相关课程的学习打下基础。

实验一　常用信号分类与观测

视频

一、实验目的

1. 观测常用信号的波形,了解其特点及产生方法。
2. 学会用示波器测量常用波形的基本参数,了解信号及信号的特性。

二、实验原理

对于一个系统特性的研究,一个重要的方面是研究它的输入与输出关系,即在一特定的输入信号下,系统对应的输出信号。因而对信号的研究是对系统研究的出发点,是对系统特性观测的基本手段和方法。在本实验中将对常用信号和特性进行分析、研究。

信号可以表示为一个或多个变量的函数,在这里仅对一维信号进行研究,自变量为时间。常用信号有指数信号、指数衰减正弦信号、抽样信号、钟形信号、脉冲信号等。

1. 指数信号

指数信号表达式为

$$f(t) = K e^{at} \tag{2-1-1}$$

对于不同的 a 取值,其波形表现为不同的形式,如图 2-1-1 所示。

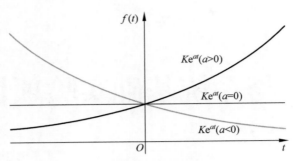

图 2-1-1　指数信号

2. 指数衰减正弦信号

指数衰减信号表达式为

$$f(t) = \begin{cases} 0 & (t < 0) \\ K\,\mathrm{e}^{-at}\sin(\omega t) & (t > 0) \end{cases} \qquad (2\text{-}1\text{-}2)$$

其波形如图 2-1-2 所示。

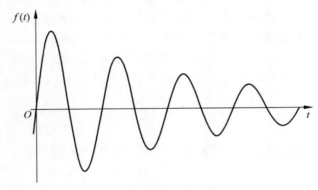

图 2-1-2　指数衰减正弦信号

3. 抽样信号

抽样信号表达式为

$$\mathrm{Sa}(t) = \frac{\sin t}{t}$$

$\mathrm{Sa}(t)$ 是偶函数,$t = \pm\pi, \pm2\pi, \cdots, \pm n\pi$ 时,函数值为零。该函数在很多应用场合具有独特的运用,其波形如图 2-1-3 所示。

4. 钟形信号(高斯函数)

钟形信号表达式为

$$f(t) = E\,\mathrm{e}^{-\left(\frac{t}{\tau}\right)^2}$$

其波形如图 2-1-4 所示。

5. 脉冲信号

脉冲信号表达式为

$$f(t) = u(t) - u(t - T)$$

式中,$u(t)$ 为单位阶跃函数。

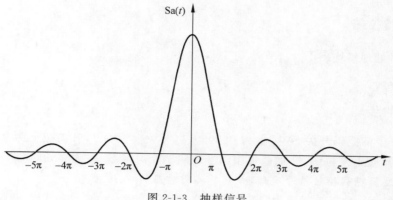

图 2-1-3　抽样信号

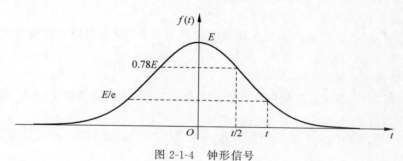

图 2-1-4　钟形信号

6. 方波信号

信号周期为 T，前 $T/2$ 周期信号为正电平信号，后 $T/2$ 周期信号为负电平信号。

实验系统中在模块 Ⓢ4 的 TP1 测试点可观测的常见信号主要有指数信号（增长）、指数信号（衰减）、指数正弦信号（增长）、指数正弦信号（衰减）、抽样信号和钟形信号。观测前首先将 SW1 置为 0000000，即将该模块 Ⓢ4 设置为常规信号观测功能；然后通过设置 S3 对应选择常规信号类型，如表 2-1-1 所示。

表 2-1-1　开关 S3 设置对应的信号类型

开关 S3 设置	模块用于常规信号观测功能时 TP1 输出波形	波 形 函 数
10000000	指数增长信号	$f(t)=0.65\mathrm{e}^{(t/370)}$
01000000	指数衰减信号	$f(t)=0.65\mathrm{e}^{-(t/370)}$
00100000	指数增长正弦信号	$f(t)=\begin{cases}0 & (t<0)\\ 0.07\mathrm{e}^{\frac{t}{440}}\sin\left(\frac{2\pi t}{40}\right)+2.7 & (t>0)\end{cases}$
00010000	指数衰减正弦信号	$f(t)=\begin{cases}0 & (t<0)\\ 3.3\mathrm{e}^{\frac{-t}{440}}\sin\left(\frac{2\pi t}{40}\right)+3 & (t>0)\end{cases}$
00001000	抽样信号	$\mathrm{Sa}(t)=\dfrac{7\sin\left(\frac{2\pi t}{120}\right)}{\frac{2\pi t}{120}}+1.5$
00000100	钟形信号	$f(t)=4.8\mathrm{e}^{-\left(\frac{t}{280}\right)^2}$

三、实验仪器

数字信号处理模块Ⓢ4   1块
双踪示波器   1台

四、实验步骤

预备工作：将拨码开关 SW1 置为 00000001(开关拨上为 1,开关拨下为 0),打开实验箱和模块电源,按下复位键 S2 加载常用信号观测功能。将 S3 拨为 00000000。

1. 用示波器观测指数信号波形,并分析其所对应的 a、K 参数

(1)拨码开关 S3 第 1 位拨为"1",其他开关拨为"0"。用示波器在 TP1 处观测输出的指数增长信号,并分析其对应的频率和 a、K 参数。

(2)拨码开关 S3 第 2 位拨为"1",其他开关拨为"0"。观测指数衰减信号波形的变化,分析原因。

2. 指数正弦信号观测

(1)拨码开关 S3 第 3 位拨为"1",其他开关拨为"0"。用示波器在 TP1 处观测输出的指数增长正弦信号。

(2)拨码开关 S3 第 4 位拨为"1",其他开关拨为"0"。观测指数衰减信号波形变化情况,分析原因。

3. 抽样信号观测

拨码开关 S3 第 5 位拨为"1",其他开关拨为"0"。用示波器在 TP1 处观测输出的抽样信号。

4. 钟形信号观测

拨码开关 S3 第 6 位拨为"1",其他开关拨为"0"。用示波器在 TP1 处观测输出的钟形信号。

注意：该实验不要将拨码开关 S3 的第 7 位和第 8 位拨为"1"。

五、实验报告

用坐标纸画出各波形。

视频

实验二　阶跃响应与冲激响应

一、实验目的

1. 观测 RLC 串联电路的阶跃响应与冲激响应的波形和有关参数,并研究其电路元件参数变化对响应状态的影响。

2. 掌握有关信号时域的测量分析方法。

二、实验原理

以单位冲激信号 $\delta(t)$ 作为激励,LTI 连续系统产生的零状态响应称为单位冲激响应,简称冲激响应,记为 $h(t)$。冲激响应示意图如图 2-2-1 所示。

图 2-2-1　冲激响应示意图

以单位阶跃信号 $u(t)$ 作为激励,LTI 连续系统产生的零状态响应称为单位阶跃响应,简称阶跃响应,记为 $g(t)$。阶跃响应示意图如图 2-2-2 所示。

图 2-2-2　阶跃响应示意图

阶跃激励与阶跃响应的关系可表示为

$$g(t) = H[u(t)] \quad \text{或} \quad u(t) \to g(t) \tag{2-2-1}$$

RLC 串联电路的阶跃响应电路与冲激响应实验电路连接示意图如图 2-2-3 所示。其响应有以下三种状态:

(1) 当电阻 $R > 2\sqrt{\dfrac{L}{C}}$ 时,称为过阻尼状态;

(2) 当电阻 $R = 2\sqrt{\dfrac{L}{C}}$ 时,称为临界状态;

(3) 当电阻 $R < 2\sqrt{\dfrac{L}{C}}$ 时,称为欠阻尼状态。

响应的动态指标(图 2-2-4)如下:

上升时间 t_r: $y(t)$ 从 0 到第一次达到稳态值 $y(\infty)$ 所需的时间。

峰值时间 t_p: $y(t)$ 从 0 上升到 y_{max} 所需的时间。

调节时间 t_s: $y(t)$ 的振荡包络线进入稳态值的 $\pm 5\%$ 误差范围所需的时间。

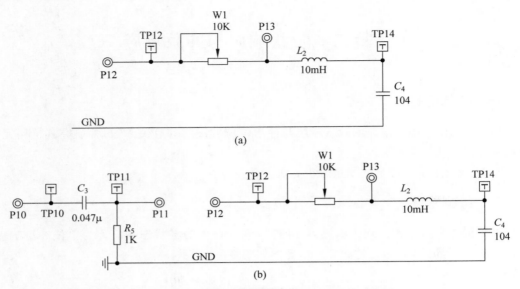

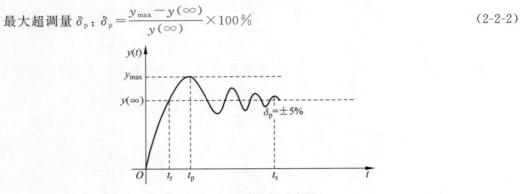

图 2-2-3 阶跃响应电路和冲激响应电路连接示意图

最大超调量 δ_p：$\delta_p = \dfrac{y_{max} - y(\infty)}{y(\infty)} \times 100\%$ （2-2-2）

图 2-2-4 响应指标示意图

冲激信号是阶跃信号的导数，即

$$g(t) = \int_{0^-}^{t} h(\tau)\,\mathrm{d}\tau$$

所以对线性时不变电路冲激响应也是阶跃响应的导数。

为便于用示波器观测响应波形，实验中用周期方波代替阶跃信号，用周期方波通过微分电路后得到的尖顶脉冲代替冲激信号。

三、实验仪器

信号源和频率计模块 Ⓢ2　　　　　1 块

一阶网络模块　　　　　　　　　　1 块

数字万用表　　　　　　　　　　　1 台

双踪示波器　　　　　　　　　　　1 台

四、实验步骤

1. 阶跃响应的波形观测量

设激励信号为方波,频率为 500Hz。阶跃响应电路连接如图 2-2-3(a)所示。

(1) 调整激励信号源为方波(从模块 ⑤ 的 P2 引出方波信号),调节 ROL1,使频率计示数 $f=500\text{Hz}$。

(2) 连接模块 ⑤ 的方波信号输出端 P2 至模块 ⑤ 中的 P12。

(3) 示波器的 CH1 接于 TP14,调整 W1,使电路分别工作于欠阻尼、临界和过阻尼三种状态,观测各种状态下的激励信号与响应信号波形,用万用表测量与波形对应的电阻值(测量时应断开电源),并将实验数据填入表 2-2-1。

(4) TP12 为输入信号波形的测量点,可把示波器的 CH2 接于 TP12,便于波形比较。

表 2-2-1　阶跃响应电路工作于三种状态下的实验数据

参数测量和波形	欠阻尼状态 $\left(R<2\sqrt{\dfrac{L}{C}}\right)$	临界状态 $\left(R=2\sqrt{\dfrac{L}{C}}\right)$	过阻尼状态 $\left(R>2\sqrt{\dfrac{L}{C}}\right)$
参数测量	$R=$	$R=$	$R=$
TP12 激励波形			
TP14 响应波形			

注:描绘波形要使三种状态的 X 轴坐标(扫描时间)一致。

2. 冲激响应的波形观测

冲激信号是由阶跃信号经过微分电路得到 P10。冲激响应电路连接如图 2-2-3(b)所示。

(1) 将方波输入信号输入接于 P10(输入信号频率与幅度不变)。

(2) 连接 P11 与 P12。

(3) 将示波器的 CH1 接于 TP11,观测经微分后 TP14 输出的响应波形(等效为冲激激励信号)。

(4) 将示波器的 CH2 接于 TP14,调整 W1,使电路分别工作于欠阻尼、临界和过阻尼三种状态。

(5) 观测电路处于以上三种状态下的激励信号与响应信号的波形,并填入表 2-2-2。

表 2-2-2　冲激响应电路工作于三种状态下的实验数据

参数测量和波形	欠阻尼状态 $\left(R<2\sqrt{\dfrac{L}{C}}\right)$	临界状态 $\left(R=2\sqrt{\dfrac{L}{C}}\right)$	过阻尼状态 $\left(R>2\sqrt{\dfrac{L}{C}}\right)$
参数测量	$R=$	$R=$	$R=$
TP11 激励波形			
TP14 响应波形			

五、实验报告

1. 描绘同样时间轴阶跃响应与冲激响应的输入、输出电压波形时,要标明信号幅度 A、周期 T、方波脉宽 T_1 以及微分电路的 τ 值。

2. 分析实验结果,说明电路参数变化对状态的影响。

视频

实验三　连续时间系统的模拟

一、实验目的

1. 了解基本运算器——比例放大器、加法器和积分器的电路结构和运算功能。
2. 掌握用基本运算单元模拟连续时间一阶系统原理与测试方法。

二、实验原理

1. 线性系统的模拟

系统的模拟就是用由基本运算单元组成的模拟装置来模拟实际的系统。这些实际系统可以是电或非电的物理量系统,也可以是社会、经济和军事等非物理量系统。模拟装置可以与实际系统的内容完全不同,但是两者的微分方程完全相同,输入、输出关系即传输函数也完全相同。模拟装置的激励和响应是电物理量,而实际系统的激励和响应不一定是电物理量,但它们之间的关系是一一对应的。所以,可以通过对模拟装置的研究来分析实际系统,最终达到一定条件下确定最佳参数的目的。

本实验系统的模拟就是由基本的运算单元(放大器、加法器、积分器等)组成的模拟装置模拟实际系统传输特性。

2. 基本运算电路

比例放大器(图 2-3-1):

$$u_o = \frac{R_2}{R_1} u_i \tag{2-3-1}$$

加法器(图 2-3-2):

$$u_o = -\frac{R_2}{R_1}(u_{i1} + u_{i2}) = -(u_{i1} + u_{i2}), \quad R_1 = R_2 \tag{2-3-2}$$

积分器(图 2-3-3):

$$u_o = -\frac{1}{RC}\int u_i \, dt \tag{2-3-3}$$

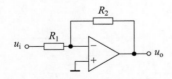

图 2-3-1　比例放大电路连接示意图

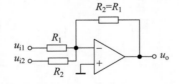

图 2-3-2　加法器电路连接示意图

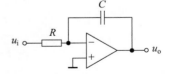

图 2-3-3　积分器电路连接示意图

3. 一阶系统的模拟

一阶 RC 电路如图 2-3-4(a)所示,可用以下方程描述:

$$\frac{dy(t)}{dt} + \frac{1}{RC}y(t) = \frac{1}{RC}x(t) \tag{2-3-4}$$

其模拟框图如图 2-3-4(b)和(c)所示,它们在数学关系上是等效的。其一阶系统模拟实验电路如图 2-3-4(d)所示。

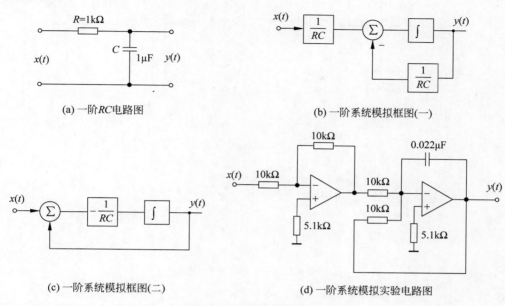

(a) 一阶RC电路图

(b) 一阶系统模拟框图(一)

(c) 一阶系统模拟框图(二)

(d) 一阶系统模拟实验电路图

图 2-3-4　一阶系统的模拟

三、实验仪器

双踪示波器	1 台
数字万用表	1 块
电压表和直流信号源模块 S1	1 块
信号源和频率计模块 S2	1 块
基本运算单元和连续系统模拟模块 S9	1 块

四、实验步骤

在实验模块 S9 上,U1 和 U2 为运算放大器。P1、P2 为 U1 的输入端口,P3 为 U1 的输出端口;P4、P5 为 U2 的输入端口,P6 为 U2 的输出端口。根据需要将可供选择的电阻、电容及电感进行连接。U1 与 U2 的电路图如图 2-3-5 所示。

1. 加法器的观测

(1) 按图 2-3-6 连接实验电路。

(2) 将模块 S1 的直流输出 1(P$_1$)和直流输出 2(P$_2$)分别接至加法器的 u_{i1} 和 u_{i2}。适当调节 S1 模块中的 W$_1$、W$_2$,并记录 P$_1$ 和 P$_2$ 的电压值。

(3) 用万用表测量输出 u_o 端电压。验证在反相加法器中输出电压是否为两路输入电压之和取反相,完成表 2-3-1。

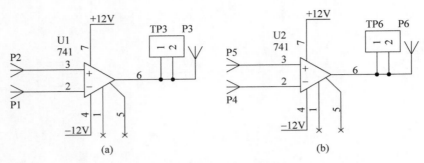

图 2-3-5　U1、U2 的电路图

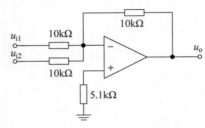

图 2-3-6　加法器实验电路图

表 2-3-1　实验结果

输　入　一		输　入　二		输　　出	
电压/V	波形	电压/V	波形	电压/V	波形

　　注：有兴趣的学生,可以将输入信号改为幅度 2V、频率 500Hz 的方波,再观测输入及输出波形。还可以自行改变反馈接法,得到同相加法器,然后进行实验。

　　2. 比例放大器的观测

　　(1) 按图 2-3-7 连接实验电路。R_1、R_2 可选择两组不同的电阻值以改变放大比例。

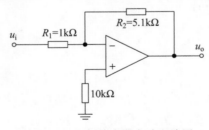

图 2-3-7　比例放大器实验电路图

　　(2) 信号发生器产生幅度 1V、频率 1kHz 的正弦波送入输入端,用示波器同时观测输入、输出波形并比较,完成表 2-3-2。

表 2-3-2　实验结果

电　　阻		输　　入		输　　出	
		电压/V	波形	电压/V	波形
①	$R_1 = 1\text{k}\Omega$				
	$R_2 = 5.1\text{k}\Omega$				

续表

电 阻		输 入		输 出	
		电压/V	波形	电压/V	波形
②	$R_1 =$				
	$R_2 =$				

3. 积分器的观测

（1）按图 2-3-8 连接实验电路（20kΩ 的电阻，可用两个 10kΩ 的电路串联代替）。

（2）信号发生器产生 $f = 1$kHz 的方波送入输入端，用示波器同时观测输入、输出波形并比较，自行画表完成实验数据记录。

4. 一阶 RC 电路的模拟（选做）

图 2-3-4（a）为一阶 RC 电路，按图 2-3-4（d）连接其一阶模拟电路（阻容元件根据需要进行选择，0.022μF 电容可由两个 0.01μF 电容并联代替）。

将信号发生器产生的幅度 2V、频率 1kHz 的方波送入一阶模拟电路输入端，用示波器观测输出电压波形，验证其模拟情况。模块实验电路图如图 2-3-9 所示。

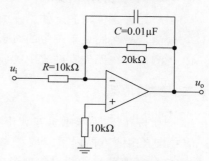

图 2-3-8 积分器实验电路图

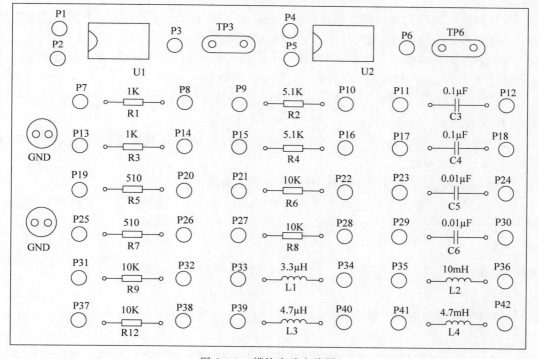

图 2-3-9 模块实验电路图

五、实验报告

1. 准确绘制各基本运算器输入与输出波形，标出峰-峰电压及周期。

2. 绘制一阶模拟电路阶跃响应，标出峰-峰电压及周期。

视频

实验四　无失真传输系统

一、实验目的

1. 了解无失真传输的概念。
2. 了解无失真传输的条件。
3. 观测信号在失真系统中的波形。
4. 观测信号在无失真系统中的波形。

二、实验原理

1. 一般情况下,系统的响应波形和激励波形不相同,信号在传输过程中将产生失真

信号失真由两方面因素造成:一是系统对信号中各频率分量幅度产生不同程度的衰减,使响应各频率分量的相对幅度产生变化,引起幅度失真;二是系统对各频率分量产生的相移不与频率成正比,使响应的各频率分量在时间轴上的相对位置产生变化,引起相位失真。

线性系统的幅度失真与相位失真都不产生新的频率分量。由于非线性系统的非线性特性对传输信号产生非线性失真,可能产生新的频率分量。

无失真是指响应信号与激励信号相比,只是大小与出现的时间不同,而波形无变化。设激励信号为 $e(t)$,响应信号为 $r(t)$,无失真传输的条件为

$$r(t) = Ke(t - t_0) \qquad (2\text{-}4\text{-}1)$$

式中,K 为常数;t_0 为滞后时间。

满足式(2-4-1)时,$r(t)$ 波形是 $e(t)$ 波形经 t_0 时间的滞后,虽然幅度方面有系数 K 倍的变化,但波形形状不变。

2. 实现无失真传输,对系统函数 $H(\mathrm{j}\omega)$ 应提出的要求

设 $r(t)$ 与 $e(t)$ 的傅里叶变换式分别为 $R(\mathrm{j}\omega)$ 与 $E(\mathrm{j}\omega)$。借助傅里叶变换的延时定理可以写出

$$R(\mathrm{j}\omega) = KE(\mathrm{j}\omega)\mathrm{e}^{-\mathrm{j}\omega t_0} \qquad (2\text{-}4\text{-}2)$$

此外,还有

$$R(\mathrm{j}\omega) = H(\mathrm{j}\omega)E(\mathrm{j}\omega) \qquad (2\text{-}4\text{-}3)$$

所以,为满足无失真传输应有

$$H(\mathrm{j}\omega) = K\mathrm{e}^{-\mathrm{j}\omega t_0} \qquad (2\text{-}4\text{-}4)$$

式(2-4-4)是对于系统的频率响应特性提出的无失真传输条件。欲使信号在通过线性系统时不产生任何失真,在信号的全部频带内系统频率响应的幅度特性是常数,相位特性是通过原点的直线。无失真传输系统的幅度和相位特性如图 2-4-1 所示。

3. 实验模块的设计电路

本实验采用示波器衰减电路,如图 2-4-2 所示。

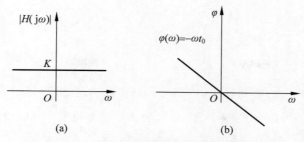

图 2-4-1　无失真传输系统的幅度和相位特性

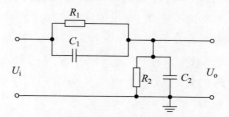

图 2-4-2　示波器衰减电路

计算如下：

$$H(\Omega) = \frac{U_o(\Omega)}{U_i(\Omega)} = \frac{\dfrac{\dfrac{R_2}{j\Omega C_2}}{R_2 + \dfrac{1}{j\Omega C_2}}}{\dfrac{\dfrac{R_1}{j\Omega C_1}}{R_1 + \dfrac{1}{j\Omega C_1}} + \dfrac{\dfrac{R_2}{j\Omega C_2}}{R_2 + \dfrac{1}{j\Omega C_2}}}$$

$$= \frac{\dfrac{R_2}{1 + j\Omega R_2 C_2}}{\dfrac{R_1}{1 + j\Omega R_1 C_1} + \dfrac{R_2}{1 + j\Omega R_2 C_2}} \tag{2-4-5}$$

如果 $R_1 C_1 = R_2 C_2$，则

$$H(\Omega) = \frac{R_2}{R_2 + R_1} \text{ 为常数}, \varphi(\Omega) = 0 \tag{2-4-6}$$

式(2-4-6)满足无失真传输条件。

4. 模块 S5 中的测试点及调节点说明

TP16：模拟信号的输入。

TP17：模拟信号经过系统后的输出。

W2：调节此电位器可以改变系统传输条件。

三、实验仪器

一阶网络模块	1 块
信号源和频率计模块 S2	1 块

| 双踪示波器 | 1台 |
| 函数信号发生器(选) | 1台 |

四、实验步骤

1. 连接模块 Ⓢ2 中的 P2 和模块 Ⓢ5 中无失真传输电路的信号输入端 P15。

2. 调节模块 Ⓢ2 中 ROL1、S4 以及 W1,使 P2 输出频率为 1kHz、幅度为 4V 的方波信号。

3. 示波器的 CH1 连接 TP16,CH2 连接 TP17,比较输入信号和输出信号的波形,观测是否失真,即信号的形状是否发生了变化,如果发生了变化,可以调节电位器 W2,使输出与输入信号的形状一致(一般输出信号的幅度为输入信号的 1/2)。

4. 改变信号源(比如,将模块 Ⓢ2 的 P2 输出信号改为三角波或正弦波;或者可以从函数信号发生器引入信号,也可以从其他电路引入各种信号),重复上述操作,观测信号传输情况。

五、实验报告

1. 绘制各种输入信号在失真传输条件下的激励和响应波形(至少三种)。
2. 绘制各种输入信号在无失真传输条件下的激励和响应波形(至少三种)。

实验五　有源滤波器与无源滤波器

一、实验目的

1. 熟悉滤波器构成及其特性。
2. 学会观测滤波器幅频特性的方法。

二、实验原理

滤波器是一种能使有用频率信号通过而同时抑制(或大为衰减)无用频率信号的电子装置。工程上常用它做信号处理、数据传送和抑制干扰等。这里主要讨论模拟滤波器。以往这种滤波电路主要采用无源元件 R、L 和 C，20 世纪 60 年代以来，集成运算放大器(简称集成运放)获得了迅速发展，由它和 R、C 组成的有源滤波电路，具有不用电感、体积小、质量小等优点。此外，由于集成运放的开环电压增益和输入阻抗均很高，输出阻抗又低，构成有源滤波电路后还具有一定的电压放大和缓冲作用。但是集成运放的带宽有限，所以目前有源滤波电路的工作频率难以做得很高，这是它的不足之处。

1. 初步定义

滤波电路的一般结构如图 2-5-1 所示。图中的 $V_i(t)$ 表示输入信号，$V_o(t)$ 为输出信号。

假设滤波器是一个线性时不变网络，则在复频域内有

$$A(s) = V_o(s)/V_i(s) \tag{2-5-1}$$

式中，$A(s)$ 为滤波电路的电压传递函数，一般为复数。

图 2-5-1　滤波器电路的一般结构

对于实际频率来说($s = j\omega$)，则有

$$A(j\omega) = |A(j\omega)| e^{j\varphi(\omega)} \tag{2-5-2}$$

式中，$|A(j\omega)|$ 为传递函数的模；$\varphi(\omega)$ 为相位角。

二阶 RC 滤波器的传输函数如表 2-5-1 所示。

表 2-5-1　二阶 RC 滤波器的传输函数

滤波器类型	传 输 函 数	滤波器类型	传 输 函 数
低通滤波器	$A(s) = \dfrac{A_V \omega_c}{s^2 + \dfrac{\omega_c}{Q}s + \omega_c^2}$	带通滤波器	$A(s) = \dfrac{A_V \dfrac{\omega_0}{Q}s}{s^2 + \dfrac{\omega_0}{Q}s + \omega_0^2}$
高通滤波器	$A(s) = \dfrac{A_V s^2}{s^2 + \dfrac{\omega_c}{Q}s + \omega_c^2}$	带阻滤波器	$A(s) = \dfrac{A_V(s^2 + \omega_0^2)}{s^2 + \dfrac{\omega_0}{Q}s + \omega_0^2}$

注：A_V 为电压增益；ω_c 为截止角频率；ω_0 为中心角频率；Q 为品质因数，$Q = \omega_0/\text{BW}$ 或 $Q = f_0/\text{BW}(\text{BW} \ll \omega_0)$，其中 BW 为带通、带阻滤波器的带宽。

此外，在滤波电路中关心的另一个量是时延，定义为

$$\tau(\omega) = -\frac{d\varphi(\omega)}{d\omega}(s) \tag{2-5-3}$$

通常用幅频响应表征滤波电路的特性,欲使信号通过滤波器的失真很小,也需考虑相位和时延响应。当相位响应 $\varphi(\omega)$ 做线性变化,即时延响应 $\tau(\omega)$ 为常数时,输出信号才可能避免失真。

2. 滤波电路的分类

对于幅频响应,通常把能够通过的信号频率范围定义为通带,而把受阻或衰减的信号频率范围称为阻带,通带和阻带的界限频率称为截止频率 f_c。

理想滤波电路在通带内应具有零衰减的幅频响应和线性的相位响应,而在阻带内应具有无限大的幅度衰减($|A(j\omega)|=0$)。通常,通带和阻带的相互位置不同,滤波电路通常可分为以下四种(图 2-5-2):

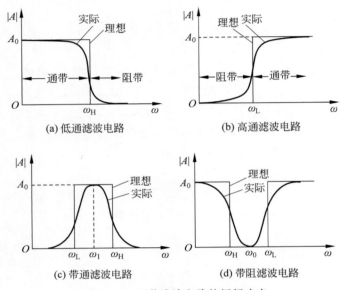

(a) 低通滤波电路　　　　　　　　(b) 高通滤波电路

(c) 带通滤波电路　　　　　　　　(d) 带阻滤波电路

图 2-5-2　四种滤波电路的幅频响应

(1) 低通滤波电路:其幅频响应如图 2-5-2(a)所示,图中 A_0 为低频增益 $|A|$ 增益的幅值。由图可知,它的功能是通过从零到某一截止角频率 ω_H 的低频信号,而对大于 ω_H 的所有频率完全衰减,因此其带宽 $BW=\omega_H$。

(2) 高通滤波电路:其幅频响应如图 2-5-2(b)所示,由图可知,在 $0<\omega<\omega_L$ 时的频率为阻带,高于 ω_L 的频率为通带。从理论上来说它的带宽 $BW=\infty$,实际上由于受有源器件带宽的限制,高通滤波电路的带宽也是有限的。

(3) 带通滤波电路:其幅频响应如图 2-5-2(c)所示,图中 ω_L 为低边截止角频率,ω_H 为高边截止角频率,ω_0 为中心角频率。由图可知,它有 $0<\omega<\omega_L$ 和 $\omega>\omega_H$ 两个阻带,因此带宽 $BW=\omega_H-\omega_L$。

(4) 带阻滤波电路:其幅频响应如图 2-5-2(d)所示,由图可知,它有两个通带,$0<\omega<\omega_H$ 和 $\omega>\omega_L$;一个阻带,$\omega_H<\omega<\omega_L$。因此,它的功能是衰减 $\omega_L\sim\omega_H$ 的信号。与高通滤波电路相似,受有源器件带宽的限制,通带 $\omega>\omega_L$ 也是有限的。带阻滤波电路抑制频带中点所在角频率 ω_0 也称为中心角频率。

本系统中某次实验所测滤波器的截止频率参考值:

无源低通滤波器 20kHz;有源低通滤波器 17kHz;无源高通滤波器 14.5kHz;有源高

通滤波器 14.5kHz；无源带通滤波器 $f_L=1.3$kHz，$f_H=18.5$kHz；滤波器有源带通 $f_L=2.4$kHz，$f_H=20.8$kHz；无源带阻滤波器 $f_L=4.1$kHz，$f_H=65.2$kHz；有源带阻滤波器 $f_L=6.5$kHz，$f_H=38$kHz。

注：元器件自身因素会影响截止频率的精度，所以实验实测时允许误差。

三、实验仪器

双踪示波器　　　　　　　　　　　1台
信号源和频率计模块 Ⓢ2　　　　　1块
抽样定理和滤波器模块 Ⓢ3　　　　1块

四、实验步骤

实验中信号源的输入信号均为 4V 左右的正弦波。设置 Ⓢ2 模块：按下 S4，SIN 指示灯亮，调节 W1，使信号幅度为 4V。

（一）测量低通滤波器的频响特性

1. 逐点测量法

（1）连接模块 Ⓢ2 中 P2 与模块 Ⓢ3 中 P1（无源低通），保持输入信号幅度为 4V 不变，如图 2-5-3(a)所示。

（2）逐渐改变输入信号频率，并用示波器观测 TP2 处信号波形的峰-峰值。

（3）将数据填入表 2-5-2(a)中。

（4）连接模块 Ⓢ2 中 P2 与 Ⓢ3 模块中 P5（低通有源），如图 2-5-3(b)所示。

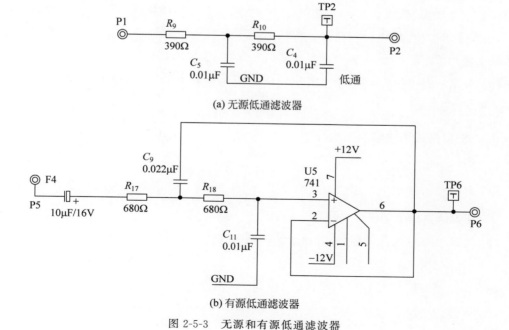

(a) 无源低通滤波器

(b) 有源低通滤波器

图 2-5-3　无源和有源低通滤波器

（5）逐渐改变输入信号频率，并用示波器观测 TP6 处信号波形的峰-峰值。

（6）将数据填入表 2-5-2(b)中。

表 2-5-2(a)　低通无源滤波器逐点测量法

V_i/V	.4	4	4	4	4	4	4	4	4
f/Hz									
V_o/V									
截止频率									

表 2-5-2(b)　低通有源滤波器逐点测量法

V_i/V	4	4	4	4	4	4	4	4
f/Hz								
V_o/V								
截止频率								

2. 扫频法测量

（1）扫频法测量原理。扫频信号是频率在一定范围内的信号混合，当它经过滤波器后，对比分析输入和输出的信号频率，就可以知道滤波器的特性。

（2）扫频信号设置方法。将模块 (S2) 中 S3 拨至 ON，按下 S5，“下限”指示灯亮，调节 ROL1 设置扫频下限频率；再次按下 S5，“上限”指示灯亮，调节 ROL1 设置扫频上限频率。扫频范围设置完成后，再按 S5，“分辨率”指示灯亮。可配合 ROL1 进行扫频分辨率的设置，设置方法如下：①当“分辨率”指示灯亮时，扫频范围上方“上限”和“下限”的指示灯亮，频率计上数码管右方的“MHz”“Hz”的指示灯灭。②调节 ROL1 设置下限频率和上限频率之间的频点数。一般而言，频点数越少，扫频速度越快；反之，扫频速度越慢。扫频参数设置好之后，再按下 S5 即可输出扫频信号。将扫频范围设置为 $100Hz\sim25kHz$，把示波器连接到信号源上输出 P2 处(示波器调为直流测试挡)，此时 P2 输出扫频信号。

（3）分别把模块 (S2) 中 P2 输出的扫频信号输入到模块 (S3) 低通滤波器的输入端 P1 和 P5，对比观测输入输出信号。

（二）测量高通滤波器的频响特性

1. 逐点测量法

（1）保持信号源输出的正弦信号幅度不变，连接模块 (S2) 中的模拟信号源部分 P2 与模块 (S3) 中模拟滤波器中的 P3(无源高通)，如图 2-5-4(a)所示。

（2）逐渐改变输入信号频率，并用示波器观测 TP4 处信号波形的峰-峰值。

（3）将数据填入表 2-5-3(a)中。

（4）连接模块 (S2) 中的 P2 与模块 (S3) 中的 P7(高通有源)，如图 2-5-4 所示。

（5）逐渐改变输入信号频率，并用示波器观测 TP8 处信号波形的峰-峰值。

（6）将数据填入表 2-5-3(b)中。

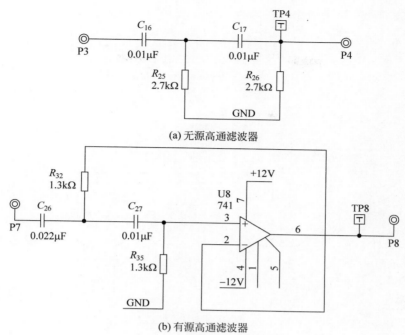

(a) 无源高通滤波器

(b) 有源高通滤波器

图 2-5-4　无源和有源高通滤波器

表 2-5-3(a)　无源高通滤波器逐点测量法

V_i/V	4	4	4	4	4	4	4	4	4	4
f/Hz										
V_o/V										
截止频率										

表 2-5-3(b)　有源高通滤波器逐点测量法

V_i/V	4	4	4	4	4	4	4	4	4	4
f/Hz										
V_o/V										
截止频率										

2．扫频法测量

把扫频范围为 $100\,\text{Hz} \sim 25\,\text{kHz}$ 的扫频信号输入高通滤波器的输入端,对比观测输入与输出信号。

(三) 测量带通滤波器的频响特性

1．逐点测量其幅频响应

(1) 保持信号源输出的正弦信号幅度不变,连接模块 Ⓢ2 中 P2 与模块 Ⓢ3 中的 P9(无源带通),如图 2-5-5(a)所示。

(2) 逐渐改变输入信号频率,并用示波器观测 TP10 处信号波形的峰-峰值。

(3) 将数据填入表 2-5-4(a)中。

(4) 保持信号源输出的正弦波幅度为 4V 不变,连接模块 Ⓢ2 中 P2 与模块 Ⓢ3 中的 P13

(有源带通),如图 2-5-5(b)所示。

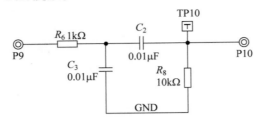

(a) 无源带通滤波器

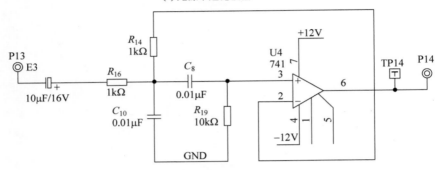

(b) 有源带通滤波器

图 2-5-5　无源和有源带通滤波器

(5) 逐渐改变输入信号频率,并用示波器观测 TP14 处信号波形的峰-峰值。

(6) 将数据填入表 2-5-4(b)中。

表 2-5-4(a)　无源带通滤波逐点测量法

V_i/V	4	4	4	4	4	4	4	4	4	4
f/Hz										
V_o/V										
截止频率										

表 2-5-4(b)　有源带通滤波逐点测量法

V_i/V	4	4	4	4	4	4	4	4	4	4
f/Hz										
V_o/V										
截止频率										

2. 扫频法测量

把扫频范围为 100Hz～25kHz 的扫频信号输入带通滤波器的输入端,对比观测输入输出信号。

(四) 测量带阻滤波器的频响特性

1. 测量幅频响应

(1) 保持信号源输出的正弦信号幅度不变,连接模块 ⑤2 中 P2 与模块 ⑤3 中的 P11(无源带阻),如图 2-5-6(a)所示。

（2）逐渐改变输入信号频率，并用示波器观测 TP12 处信号波形的峰-峰值。

（3）将数据填入表 2-5-5（a）中。

（4）保持信号源输出的正弦信号幅度 4V 不变，连接模块 S2 中 P2 与模块 S3 中的 P15（有源带阻），如图 2-5-6（b）所示。

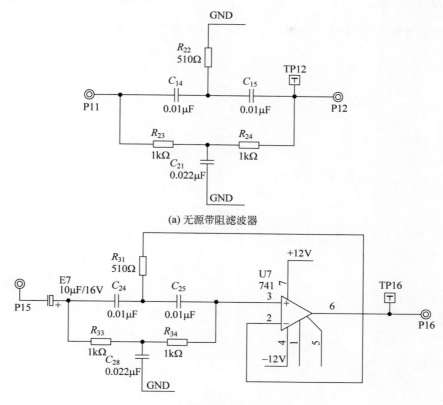

(a) 无源带阻滤波器

(b) 有源带阻滤波器

图 2-5-6　无源和有源带阻滤波器

（5）逐渐改变输入信号频率，并用示波器观测 TP16 处信号波形的峰-峰值。

（6）将数据填入表 2-5-5（b）中。

表 2-5-5（a）　无源带阻滤波逐点测量法

V_i/V	4	4	4	4	4	4	4	4	4	4
f/Hz										
V_o/V										
截止频率										

表 2-5-5（b）　有源带阻滤波逐点测量法

V_i/V	4	4	4	4	4	4	4	4	4	4
f/Hz										
V_o/V										
截止频率										

2. 扫频法测量

把扫频范围为 100Hz～80kHz 的扫频信号输入带阻滤波器的输入端,对比观测输入输出信号。

五、实验报告

整理实验数据,并根据测试所得的数据绘制各个滤波器的幅频响应曲线。

实验六　抽样定理与信号恢复

一、实验目的

1. 观测离散信号频谱，了解其频谱特点。
2. 验证抽样定理并恢复原信号。

二、实验原理

1. 离散信号不仅可从离散信号源获得，而且可从连续信号抽样获得。抽样信号 $F_s(t)=F(t)S(t)$，其中 $F(t)$ 为连续信号（如三角波），$S(t)$ 是周期为 T_s 的矩形窄脉冲。T_s 又称为抽样间隔，F_s 为抽样频率，$F_s=\dfrac{1}{T_s}$。$F(t)$、$S(t)$、$F_s(t)$ 波形如图 2-6-1 所示。

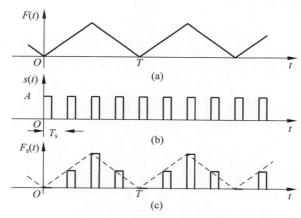

图 2-6-1　连续信号抽样过程

将连续信号用周期性矩形脉冲抽样得到抽样信号，可通过抽样器实现。

2. 连续周期信号经周期矩形脉冲抽样后，抽样信号的频谱为

$$F_s(j\omega)=\frac{A\tau}{T}\cdot\sum_{m=-\infty}^{+\infty}\mathrm{Sa}\left(\frac{m\omega_s\tau}{2}\right)F(\omega-m\omega_s) \tag{2-6-1}$$

它包含了原信号频谱以及重复周期为 $f_s(f_s=\omega_s/(2\pi))$、幅度按 $\dfrac{A\tau}{T}\mathrm{Sa}(m\omega_s\tau/2)$ 规律变化的原信号频谱，即抽样信号的频谱是原信号频谱的周期性延拓。因此，抽样信号占有的频带比原信号频带宽得多。

以三角波被矩形脉冲抽样为例，三角波的频谱为

$$F(j\omega)=\pi\sum_{k=-\infty}^{\infty}\dot{A}_k\sigma(\omega-k\omega_1)=\frac{4E}{\pi k^2}\sum_{k=-\infty}^{\infty}\sigma(\omega-k\omega_1) \tag{2-6-2}$$

取三角波的有效带宽为 $3\omega_1$，三角波频谱图如 2-6-2 所示。

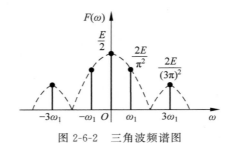

图 2-6-2　三角波频谱图

抽样信号的频谱:

$$F_s(j\omega) = \frac{A\tau}{T} 4E \sum_{\substack{k=-\infty \\ m=-\infty}}^{\infty} \frac{1}{\pi k^2} \mathrm{Sa}\left(\frac{m\omega_s\tau}{2}\right) \sigma(\omega - k\omega_1 - m\omega_s) \tag{2-6-3}$$

取三角波的有效带宽为 $3\omega_1$,抽样信号频谱图如图 2-6-3 所示。

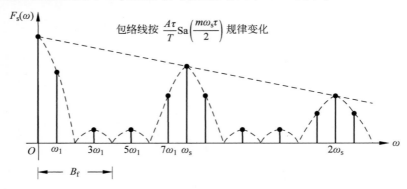

图 2-6-3　抽样信号频谱图

若离散信号是由周期连续信号抽样而得,则其频谱的测量与周期连续信号方法相同,但应注意频谱的周期性延拓。

3. 抽样信号在一定条件下可以恢复出原信号,其条件是 $f_s \geqslant 2B_f$,其中 f_s 为抽样频率,B_f 为原信号占有频带宽度。由于抽样信号频谱是原信号频谱的周期性延拓,只要通过一截止频率为 $f_c(f_m \leqslant f_c \leqslant f_s - f_m$,其中 f_m 为原信号频谱中的最高频率)的低通滤波器就能恢复出原信号。

若 $f_s < 2B_f$,则抽样信号的频谱将出现混叠,此时将无法通过低通滤波器获得原信号。

在实际信号中仅含有限频率成分的信号是极少的,大多数信号的频率成分是无限的,并且实际低通滤波器在截止频率附近频率特性曲线不够陡峭(图 2-6-4),若使 $f_s = 2B_f$,$f_c = f_m = B_f$,则恢复出的信号难免有失真。为了减少失真,应将抽样频率 $f_s > 2B_f$,低通滤波器满足 $f_m < f_c < f_s - f_m$。

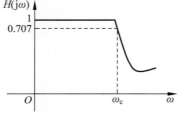

图 2-6-4　实际低通滤波器在截止频率
附近频率特性曲线

4. 实验说明

本实验可以分别观测自然抽样与零阶保持抽样,自然抽样由抽样定理及滤波器模块 Ⓢ3 完成,零阶保持抽样由数字信号处理模块 S4 完成。

1）抽样定理及滤波器模块 S3 上的自然抽样功能

为了防止原信号的频带过宽而造成抽样后频谱混叠，实验中常采用前置低通滤波器滤除高频分量，如图 2-6-5 所示。若实验中选用的原信号频带较窄，则不必设置前置低通滤波器。本模块采用有源低通滤波器，如图 2-6-6 所示。若给定截止频率 f_c，并取 $Q=\dfrac{1}{\sqrt{2}}$（为避免幅频特性出现峰值），$R_1=R_2=R$，则

$$C_1=\frac{Q}{\pi f_c R} \tag{2-6-4}$$

$$C_2=\frac{1}{4\pi f_c QR} \tag{2-6-5}$$

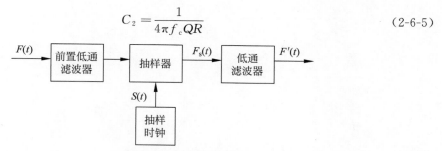

图 2-6-5　信号抽样及恢复流程图

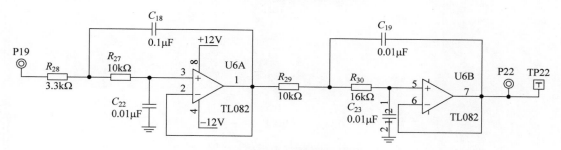

图 2-6-6　有源低通滤波器

2）数字信号处理模块 S4 的零阶保持抽样功能

需将数字信号处理模块 S4 的拨码开关 SW1 拨为 00001101，才是零阶保持抽样功能。

该功能下被抽样信号从模块 S4 的 P9 输入。通过设置 S3 可改变抽样时钟频率。当 S3 的第 1～8 位分别拨至 ON 时，对应的抽样频率为 1kHz、2kHz、4kHz 、8kHz、16kHz、32kHz、64kHz、128kHz。比如，当模块为抽样功能时（SW1 拨为 00001101），若开关 S3 拨为 00100000，则表示此时抽样频率为 4kHz。抽样输出信号从 P1 输出。

该模块的抽样输出可引入至模块 S3 的滤波单元，从而观测恢复信号。

另外，由于模块 S4 还可以设置成数字滤波器功能（SW1 拨为 00001100），则可以使用另一个模块 S4 配合完成滤波恢复。当 SW1 拨为 00001100，即选择滤波器功能时，拨码开关 S3 的第 1～8 位分别拨至 ON，则分别对应 1kHz、2kHz、3kHz、4kHz、5kHz、6kHz、7kHz、8kHz 的低通滤波器，这 8 个滤波器的幅频特性如图 2-6-7～图 2-6-14 所示。

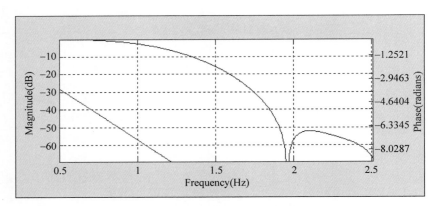

图 2-6-7　1kHz 低通滤波器

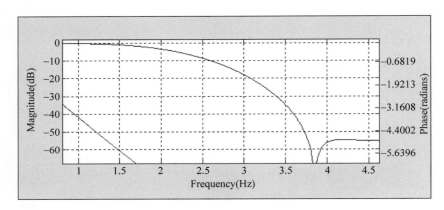

图 2-6-8　2kHz 低通滤波器

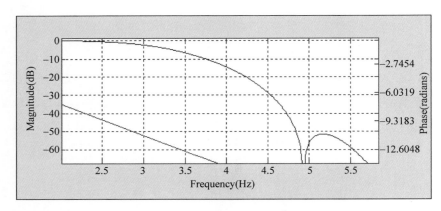

图 2-6-9　3kHz 低通滤波器

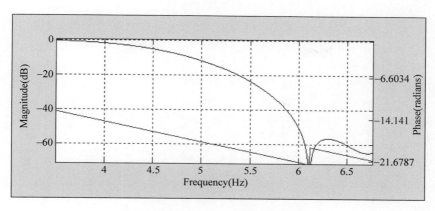

图 2-6-10　4kHz 低通滤波器

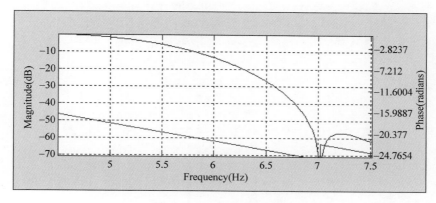

图 2-6-11　5kHz 低通滤波器

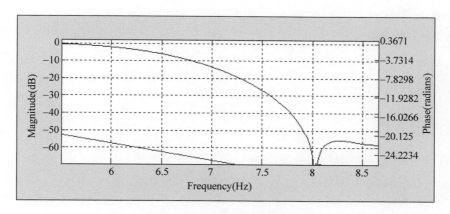

图 2-6-12　6kHz 低通滤波器

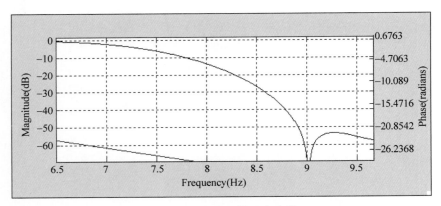

图 2-6-13　7kHz 低通滤波器

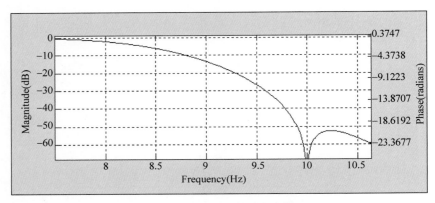

图 2-6-14　8kHz 低通滤波器

三、实验仪器

双踪示波器	1 台
信号源和频率计模块⑤2	1 块
抽样定理和滤波器模块⑤3	1 块
数字信号处理模块⑤4	1 块

四、实验步骤

(一) 自然抽样及恢复(模块⑤3上完成)

1. 观测抽样信号波形

为了便于观测抽样信号的频谱,即抽样信号的频谱是原信号频谱的周期性延拓,选用正弦波作为被抽样信号进行实验。

(1) 将模块⑤2中的 S3 拨至 OFF,调节模拟信号源上的 ROL1 和 W1,使 P2 处输出频率 1kHz、幅度 2V 的正弦波。

(2) 连接 P2 与抽样定理模块⑤3的 P17。

（3）开关 S2 拨至"异步"，用示波器观测 TP20 处抽样信号输出波形，调节 S3 中的异步抽样频率旋钮 W1 改变抽样频率，观测抽样信号的变化情况。

注："异步"是指产生被抽样信号的发生器时钟与开关信号的产生时钟不是同一时钟源，是为了贴近实际的信号抽样过程，并且抽样频率连续可调，但不便于用示波器观测稳定的抽样信号。"同步"是指产生被抽样信号的发生器时钟与开关信号的产生时钟是同一时钟源，便于观测稳定的抽样信号，对比信号抽样前后及恢复信号的波形。

（4）开关 S2 拨至"同步"，连接模块 S2 中 P5 与模块 S3 的 P18。用示波器的两通道分别观测 P2、TP20 的波形，调整 S7 改变抽样频率，观测抽样信号的变化情况，完成表 2-6-1。

表 2-6-1　实验结果

抽样频率/kHz	$F_s(t)$抽样信号 TP20 的波形
1	
2	
4	
8	

2. 验证抽样定理与信号恢复

（1）连接模块 S3 的 P20 和 P19。

（2）用示波器接原始抽样信号输入点 TP17 和恢复信号输出点 TP22。

（3）改变抽样时钟信号，对比观测信号恢复情况。

以"同步"方式进行抽样为例，并完成表 2-6-2。

表 2-6-2　实验结果

输入信号频率/kHz	抽样频率/kHz	TP17 原始信号输入	TP22 恢复信号输出
1	1		
1	2		
1	3		
1	4		

（二）零阶保持抽样（模块 S4 上完成）

注：这里使用了两个模块 S4 进行实验操作说明，记为模块 A 和模块 B。将模块 A 的 SW1 拨为 00001101，即设置为抽样功能，此时的 S3 的拨码对应 1kHz、2kHz、4kHz、8kHz、16kHz、32kHz、64kHz、128kHz 抽样频率；将模块 B 的 SW1 拨为 00001100，即设置为用于抽样恢复的数字滤波器功能，此时 S3 的拨码对应 1kHz、2kHz、3kHz、4kHz、5kHz、6kHz、7kHz、8kHz。

1. 观测零阶保持抽样信号及恢复情况

（1）用台阶线连接模块 S2 的 P2 至模块 A 的 P9，连接模块 A 的 P1 至模块 B 的 P9。

（2）开电。模块 A 的 SW1 拨为 00001101，即抽样功能，并按下 S2。模块 B 的 SW2 拨为00001100,即滤波恢复功能,并按下 S2。

(3) 用示波器探头测模块 A 的 P9 测试点,并调节信号源模块 ⑤2 的 ROL1、W1,使 P9 为幅度 2V 左右、频率 500Hz 的正弦波。P9 即为被抽样信号,记录此时的波形。

(4) 模块 A 的 S3 拨为 00100000,即选择抽样频率为 4kHz。用示波器探头观测模块 A 的 P1,即观测抽样输出信号。

(5) 模块 B 的 S3 拨为 10000000,即选择 1kHz 低通滤波器。用示波器探头观测模块 B 的 P1,即观测恢复信号。

2. 改变输入信号的频率,抽样时钟频率不变,观测抽样信号变化情况

保持模块 A 中抽样频率 4kHz 不变,调节 P2 输出信号频率,观测模块 A 的 TP1,了解抽样输出信号的抽样点个数变化情况。

3. 保持输入信号的频率,改变抽样时钟频率,观测抽样信号变化情况

(1) 保持模块 A 中被抽样信号为 500Hz 不变,设置模块 A 的 S3 的码值,改变抽样频率,观测抽样信号变化情况。

(2) 根据抽样信号的频谱特性情况,设置模块 B 的 S3,选择较为合适的滤波器,观测恢复输出。

注意: 合适的滤波器是指被抽样信号的最大频谱分量的频率 f_m、抽样频率 f_s 和低通滤波器截止频率 f_c 之间应满足 $f_m < f_c < f_s - f_m$。这里抽样频率 $f_s > 2B_f$,B_f 为被抽样信号的频带宽。必须根据原始信号以及抽样频率的频谱特性选择合适的滤波器才能正常恢复出原始信号,而不出现混叠想象。表 2-6-3 列举了抽样频率、滤波器截止频率和被抽样信号频率的设置关系。按表中所示选择合适频率进行实验时,可以正常恢复信号,不会出现混叠现象。

表 2-6-3 抽样频率、滤波器截止频率和被抽样信号频率的设置关系

设置抽样频率 f_s (模块 A 上的开关 S3 拨码)	设置滤波器截止频率 f_c (模块 B 上的开关 S3 拨码)	设置被抽样信号 频率 f_m/kHz
00100000,即 4kHz 抽样频率	10000000,即 1kHz 低通滤波器	<1
00010000,即 8kHz 抽样频率	10000000,即 1kHz 低通滤波器	<1
	01000000,即 2kHz 低通滤波器	<2
	00100000,即 3kHz 低通滤波器	<3
00001000,即 16kHz 抽样频率	10000000,即 1kHz 低通滤波器	<1
	01000000,即 2kHz 低通滤波器	<2
	00100000,即 3kHz 低通滤波器	<3
	00010000,即 4kHz 低通滤波器	<4
	00001000,即 5kHz 低通滤波器	<5
	00000100,即 6kHz 低通滤波器	<6
	00000010,即 7kHz 低通滤波器	<7
00000100,即 32kHz 抽样频率	10000000,即 1kHz 低通滤波器	<1
	01000000,即 2kHz 低通滤波器	<2
	00100000,即 3kHz 低通滤波器	<3
	00010000,即 4kHz 低通滤波器	<4
	00001000,即 5kHz 低通滤波器	<5

续表

设置抽样频率 f_s （模块 A 上的开关 S3 拨码）	设置滤波器截止频率 f_c （模块 B 上的开关 S3 拨码）	设置被抽样信号 频率 f_m/kHz
00000100，即 32kHz 抽样频率	00000100，即 6kHz 低通滤波器	<6
	00000010，即 7kHz 低通滤波器	<7
	00000001，即 8kHz 低通滤波器	<8

　　例如，将模块 B 上开关 S3 拨为 00001000，即抽样频率设置为 16kHz，若模块 A 上选择 5kHz 低通滤波器，则输入信号的频率应小于 5kHz。

五、实验报告

1. 整理数据并填写表格，总结离散信号频谱的特点。
2. 总结在抽样及恢复过程中抽样频率和滤波器分别对系统的影响。

实验七　二阶网络函数模拟

一、实验目的

1. 了解二阶网络函数的电路模型。
2. 了解求解系统响应的一种方法——模拟解法。
3. 研究系统参数变化对其输出响应的影响。

二、实验原理

1. 系统的模拟解

为了求解系统的响应,需建立系统的微分方程,一些实验系统的微分方程可能是一个高阶方程或微分方程组,它们的求解很费时间甚至很困难。由于描述各种不同系统(如电系统、机械系统)的微分方程有惊人的相似之处,因此可以用电系统来模拟各种非电系统,并进一步用基本运算单元获得该实际系统响应的模拟解。这种装置又称为"电子模拟计算机",应用它能较快地求解系统的微分方程,并能用示波器将求解结果显示出来。

在初学这一方法时,不妨以简单的二阶系统为例(本实验就是如此)。

其系统的微分方程为

$$y'' + a_1 y' + a_0 y = x \tag{2-7-1}$$

框图如图 2-7-1 所示。

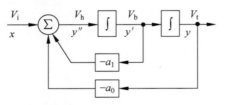

图 2-7-1　二阶网络函数框图

实验原理图如图 2-7-2 所示。

测试点说明:

"V_i 或 P9 或 TP9":阶跃信号的输入。

"V_h 或 TP10":反映的是有两个零点的二阶系统,可以观测其阶跃响应的时域解。

"V_b 或 TP12":反映的是有一个零点的二阶系统,可以观测其阶跃响应的时域解。

"V_t 或 TP11":反映的是没有零点的二阶系统,可以观测其阶跃响应的时域解。

由模拟电路可得模拟方程组为

$$
\begin{cases}
\left(\dfrac{1}{R_{13}} + \dfrac{1}{{}^*W_3}\right)V_A - \dfrac{1}{R_{13}}V_i - \dfrac{1}{{}^*W_3}V_b = 0 \\[2mm]
\left(\dfrac{1}{R_9} + \dfrac{1}{{}^*W_4}\right)V_B - \dfrac{1}{R_9}V_t - \dfrac{1}{{}^*W_4}V_h = 0 \\[2mm]
V_A = V_B \\[2mm]
V_t = -\displaystyle\int \dfrac{1}{R_{12}C_8}V_b\,\mathrm{d}t \\[2mm]
V_b = -\displaystyle\int \dfrac{1}{R_{11}C_6}V_h\,\mathrm{d}t
\end{cases}
\tag{2-7-2}
$$

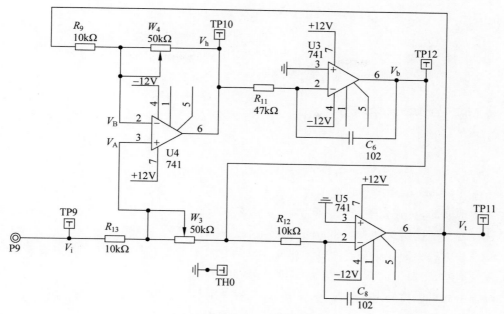

图 2-7-2 实验原理图

其中，V_A 为运放 U4 正向输入电压，V_B 为负向输入电压，$^*W$ 表示电位器调节到某一阻值。要适当地选定模拟装置的元件参数，可使模拟方程和实际系统的微分方程完全相同。

上式可简化成

$$\begin{cases} \dfrac{^*W_4 + R_9}{R_9 \, ^*W_4 R_{13}} V_i = \dfrac{^*W_3 + R_{13}}{R_{13} \, ^*W_3 R_9} V_t + \dfrac{^*W_3 + R_{13}}{R_{13} \, ^*W_3 \, ^*W_4} V_h - \dfrac{^*W_4 + R_9}{R_9 \, ^*W_4 \, ^*W_3} V_b \\ V_t = -\dfrac{1}{R_{12} C_8} \displaystyle\int V_b \, \mathrm{d}t \\ V_b = -\dfrac{1}{R_{11} C_6} \displaystyle\int V_h \, \mathrm{d}t \end{cases} \qquad (2\text{-}7\text{-}3)$$

即可得到 V_t、V_h、V_b 与 V_i 的关系：

$$\begin{cases} V_i = \dfrac{^*W_4 (^*W_3 + R_{13})}{^*W_3 (^*W_4 + R_9)} V_t + \dfrac{R_9 (^*W_3 + R_{13})}{^*W_3 (^*W_4 + R_9)} V_h - \dfrac{R_{13}}{^*W_3} V_b \\ -R_{12} C_8 \dfrac{\mathrm{d}V_t}{\mathrm{d}t} = V_b \\ -R_{11} C_6 \dfrac{\mathrm{d}V_b}{\mathrm{d}t} = V_h \end{cases} \qquad (2\text{-}7\text{-}4)$$

2. 按照上述的参数对系统进行复频域的分析

设 $b_1 = \dfrac{^*W_4 (^*W_3 + R_{13})}{^*W_3 (^*W_4 + R_9)}$，$b_2 = \dfrac{R_9 (^*W_3 + R_{13})}{^*W_3 (^*W_4 + R_9)}$，$b_3 = \dfrac{R_{13}}{^*W_3}$，$c_1 = R_{12} C_8$，$c_2 = R_{11} C_6$，则式(2-7-4)可变化为

$$\begin{cases} V_i = b_1 V_t + b_2 V_h - b_3 V_b \\ - c_1 \dfrac{dV_t}{dt} = V_b \\ - c_2 \dfrac{dV_b}{dt} = V_h \end{cases} \tag{2-7-5}$$

将上式进行拉普拉斯变换,可得代数方程:

$$\begin{cases} V_i(s) = b_1 V_t(s) + b_2 V_h(s) - b_3 V_b(s) \\ - c_1 s V_t(s) = V_b(s) \\ - c_2 s V_b(s) = V_h(s) \end{cases} \tag{2-7-6}$$

由于实际系统响应的变化范围可能很大,持续时间可能很长,但是运算放大器输出电压是有一定限制的,大致在 $\pm 10\text{V}$ 之间。积分时间受 RC 元件数值限制也不能太长,因此要合理地选择变量的比例尺度 M_y 和时间的比例尺度 M_t,使得 $V_y = M_y y$,$t_M = M_t t$,式中 y 和 t 为实验系统方程中的变量和时间,V_y 和 t_M 为模拟方程中的变量和时间。在求解系统的微分方程及解时,需要了解系统的初始状态 $y(0)$ 和 $y'(0)$。

根据上式可以得到 $V_t(s)$、$V_h(s)$、$V_b(s)$ 三者分别与 $V_i(s)$ 之间的关系:

$$V_i(s) = b_1 V_t(s) + b_2 c_1 c_2 s^2 V_t(s) + b_3 c_1 s V_t(s) \tag{2-7-7}$$

$$V_i(s) = \frac{b_1}{c_1 c_2 s^2} V_h(s) + b_2 V_h(s) + \frac{b_3}{c_2 s} V_h(s) \tag{2-7-8}$$

$$V_i(s) = - \frac{b_1}{c_1 s} V_b(s) - b_2 c_2 s V_b(s) - b_3 V_b(s) \tag{2-7-9}$$

从而可得到下面三个二阶系统的传递函数:

(1) 由式(2-7-7)可以得到反映无零点的传输函数(即低通函数,测试点为本二阶系统的输出端 V_t)

$$\frac{V_t(s)}{V_i(s)} = \frac{1}{b_2 c_1 c_2 s^2 + b_3 c_1 s + b_1} \tag{2-7-10}$$

将 b_1、b_2、b_3、c_1、c_2 代入上式,则有

$$\frac{V_t(s)}{V_i(s)} = \frac{\dfrac{{}^*W_3({}^*W_4 + R_9)}{R_9({}^*W_3 + R_{13}) R_{12} C_8 R_{11} C_6}}{s^2 + \dfrac{R_{13}({}^*W_4 + R_9)}{R_9({}^*W_3 + R_{13}) R_{11} C_6} s + \dfrac{{}^*W_4}{R_9 R_{12} C_8 R_{11} C_6}} \tag{2-7-11}$$

(2) 由式(2-7-8)可以得到反映有两个零点的传输函数(即高通函数,测试点为本二阶系统的输出端 V_h)

$$\frac{V_h(s)}{V_i(s)} = \frac{c_1 c_2 s^2}{b_2 c_1 c_2 s^2 + b_3 c_1 s + b_1} \tag{2-7-12}$$

将 b_1、b_2、b_3、c_1、c_2 代入上式中,则有

$$\frac{V_h(s)}{V_i(s)} = \frac{\dfrac{{}^*W_3({}^*W_4 + R_9)}{R_9({}^*W_3 + R_{13})} s^2}{s^2 + \dfrac{R_{13}({}^*W_4 + R_9)}{R_9({}^*W_3 + R_{13}) R_{11} C_6} s + \dfrac{{}^*W_4}{R_9 R_{12} C_8 R_{11} C_6}} \tag{2-7-13}$$

（3）由式（2-7-9）可以得到反映有一个零点的传输函数（即带通函数，测试点为本二阶系统的输出端 V_b）

$$\frac{V_b(s)}{V_i(s)} = \frac{-c_1 s}{b_2 c_1 c_2 s^2 + b_3 c_1 s + b_1} \tag{2-7-14}$$

将 b_1、b_2、b_3、c_1、c_2 代入上式中，则有

$$\frac{V_b(s)}{V_i(s)} = \frac{-\dfrac{{}^*W_3({}^*W_4 + R_9)}{R_9({}^*W_3 + R_{13})R_{11}C_6}s}{s^2 + \dfrac{R_{13}({}^*W_4 + R_9)}{R_9({}^*W_3 + R_{13})R_{11}C_6}s + \dfrac{{}^*W_4}{R_9 R_{12} C_8 R_{11} C_6}} \tag{2-7-15}$$

3. 实际电路及系统响应

如 2-7-2 实验原理图所示，电位器 W3 和 W4 的阻值范围是 $0\sim50\mathrm{k}\Omega$。假设我们调节电位器 W3 和 W4，使 ${}^*W_3 = 10\mathrm{k}\Omega$、${}^*W_4 = 10\mathrm{k}\Omega$。

调节并测量 ${}^*W_3$ 阻值的具体方法是：关闭模块 ⑤⑥ 的电源。将万用表的表笔分别接模块 ⑤⑥ 的测试点 TP9 和 V_b（TP12），并选择电阻测量挡，由电路图可知，此时万用表测量的是电阻 $R_{13} = 10\mathrm{k}\Omega$ 与电阻 ${}^*W_3$ 的阻值之和。再调节模块 ⑤⑥ 的电位器 W3，使万用表测得显示值为 $20\mathrm{k}\Omega$，则此时 ${}^*W_3$ 的阻值为 $10\mathrm{k}\Omega$。

同理，调节并测量 ${}^*W_4$ 阻值的具体方法是：关闭模块 ⑤⑥ 的电源。将万用表的表笔分别接模块 ⑤⑥ 的测试点 V_h（TP10）和 V_t（TP11），并选择电阻测量挡，由电路图可知，此时万用表测量的是电阻 $R_9 = 10\mathrm{k}\Omega$ 与电阻 ${}^*W_4$ 的阻值之和。再调节模块 ⑤⑥ 的电位器 W4，使万用表测得显示值为 $20\mathrm{k}\Omega$，则此时 ${}^*W_4$ 的阻值为 $10\mathrm{k}\Omega$。

已知电路中 $R_{13} = 10\mathrm{k}\Omega$，$R_9 = 10\mathrm{k}\Omega$，$R_{12} = 10\mathrm{k}\Omega$，$C_8 = 1000\mathrm{pF}$，$R_{11} = 47\mathrm{k}\Omega$，$C_6 = 1000\mathrm{pF}$，代入式（2-7-11）、式（2-7-13）、式（2-7-15）中，分别可以得到

（1）对于输入 $V_i(t)$ 和输出 $V_t(t)$ 的低通系统函数

$$\begin{aligned}\frac{V_t(s)}{V_i(s)} &= \frac{\dfrac{10\mathrm{k}(10\mathrm{k}+10\mathrm{k})}{10\mathrm{k}(10\mathrm{k}+10\mathrm{k}) \cdot 10\mathrm{k} \cdot 1000\mathrm{p} \cdot 47\mathrm{k} \cdot 1000\mathrm{p}}}{s^2 + \dfrac{10\mathrm{k}(10\mathrm{k}+10\mathrm{k})}{10\mathrm{k}(10\mathrm{k}+10\mathrm{k}) \cdot 47\mathrm{k} \cdot 1000\mathrm{p}}s + \dfrac{10\mathrm{k}}{10\mathrm{k} \cdot 10\mathrm{k} \cdot 1000\mathrm{p} \cdot 47\mathrm{k} \cdot 1000\mathrm{p}}} \\[2mm] &= \frac{\dfrac{10^{11}}{47}}{s^2 + \dfrac{10^6}{47}s + \dfrac{10^{11}}{47}}\end{aligned} \tag{2-7-16}$$

该系统的低通截止角频率为 $\omega_c = \sqrt{\dfrac{10^{11}}{47}}\ (\mathrm{rad/s})$，即低通截止频率 $f_c = \dfrac{\omega_c}{2\pi} \approx 7341\ (\mathrm{Hz})$。

（2）对于输入 $V_i(t)$ 和输出 $V_h(t)$ 的高通系统函数

$$\frac{V_h(s)}{V_i(s)} = \frac{\dfrac{10\mathrm{k}(10\mathrm{k}+10\mathrm{k})}{10\mathrm{k}(10\mathrm{k}+10\mathrm{k})}s^2}{s^2 + \dfrac{10\mathrm{k}(10\mathrm{k}+10\mathrm{k})}{10\mathrm{k}(10\mathrm{k}+10\mathrm{k}) \cdot 47\mathrm{k} \cdot 1000\mathrm{p}}s + \dfrac{10\mathrm{k}}{10\mathrm{k} \cdot 10\mathrm{k} \cdot 1000\mathrm{p} \cdot 47\mathrm{k} \cdot 1000\mathrm{p}}}$$

$$= \frac{s^2}{s^2 + \dfrac{10^6}{47}s + \dfrac{10^{11}}{47}} \tag{2-7-17}$$

该系统的高通截止角频率为 $\omega_c = \sqrt{\dfrac{10^{11}}{47}}$ (rad/s),即高通截止频率 $f_c = \dfrac{\omega_c}{2\pi} \approx 7341$ (Hz)。

(3) 对于输入 $V_i(t)$ 和输出 $V_b(t)$ 的带通系统函数

$$\frac{V_b(s)}{V_i(s)} = \frac{-\dfrac{10k(10k+10k)}{10k(10k+10k)\cdot 47k\cdot 1000p}s}{s^2 + \dfrac{10k(10k+10k)}{10k(10k+10k)\cdot 47k\cdot 1000p}s + \dfrac{10k}{10k\cdot 10k\cdot 1000p\cdot 47k\cdot 1000p}}$$

$$= \frac{-\dfrac{10^6}{47}s}{s^2 + \dfrac{10^6}{47}s + \dfrac{10^{11}}{47}} \tag{2-7-18}$$

该系统的带通中心角频率为 $\omega_0 = \sqrt{\dfrac{10^{11}}{47}}$ (rad/s),即带通中心频率 $f_0 = \dfrac{\omega_0}{2\pi} \approx 7341$ (Hz)。

三、实验仪器

(1) 二阶网络模块 Ⓢ6　　　　　　　　　　1 块

(2) 信号源和频率计模块 Ⓢ2　　　　　　　1 块

(3) 双踪示波器　　　　　　　　　　　　1 台

(4) 数字万用表　　　　　　　　　　　　1 个

四、实验步骤

(1) 根据实验原理说明,调节模块 Ⓢ6 的电位器 W3 和 W4,使它们的阻值为 10kΩ。

(2) 将模块 Ⓢ2 中的扫频开关 S3 置 OFF,调节模块 Ⓢ2 上的 ROL1,使 P2 输出频率为 500Hz、幅度为 2V 的方波。

(3) 连接模块 Ⓢ2 输出点 P2 与模块 Ⓢ6 的 P9。

(4) 用示波器观测模块 Ⓢ6 中二阶网络函数模拟系统的测试点 TP11(V_t)、TP10(V_h)、TP12(V_b)波形,了解阶跃响应输出效果。

(5) 再将模块 Ⓢ2 的 P2 输出波形设置为正弦波,慢慢增大输出频率,并观测模块 Ⓢ6 测试点 TP11(V_t)、TP10(V_h)、TP12(V_b)波形的变化情况,验证是否与实验原理推导的滤波特性一致。

(6) 结合实验原理说明,自行调节电位器 W3 与 W4 的阻值,并列出微分方程,分别写出系统函数 $\dfrac{V_t(s)}{V_i(s)}$、$\dfrac{V_h(s)}{V_i(s)}$、$\dfrac{V_b(s)}{V_i(s)}$,再用示波器观测各测试点 TP11(V_t)、TP10(V_h)、

TP12(V_b)的响应波形,并与微分方程的系统函数特性结果相比较。

五、实验报告

1. 绘出所观测的各种响应波形,并与计算微分方程的系统函数特性结果相比较。

2. 归纳和总结用基本运算单元求解系统时域响应的要点。

实验八　二阶网络状态轨迹显示

一、实验目的

1. 掌握观测二阶电路状态轨迹的方法。
2. 观测 RLC 电路在过阻尼、临界阻尼和欠阻尼时的状态轨迹。

二、实验原理

（1）任何变化的物理过程在第一时刻所处的状态(状况、形态或姿态)，都可以用若干状态变量来描述。电路也不例外,若一个含储能元件的网络在不同时刻各支路电压、电流都在变化,则电路在不同时刻所处的状态也不相同。在电路中是选电容的电压和电感的电流为状态变量,所以了解电路中 v_C 和 i_L 的变化就可以了解电路状态的变化。

（2）对 n 阶网络可以用 n 个状态变量来描述。可以设想一个 n 维空间,每一维表示一个状态变量,构成一个状态空间。网络在每一时刻所处的状态可以用状态空间中一个点来表示,随着时间的变化,点的移动形成一个轨迹,称为状态轨迹。二阶网络的状态空间就是一个平面,状态轨迹是平面上的一条曲线。电路参数不同状态轨迹也不相同,电路中过阻尼、欠阻尼和无阻尼情况的状态轨迹如实验图 2-8-1 至图 2-8-3 所示。

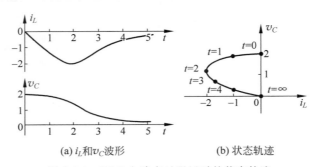

(a) i_L 和 v_C 波形　　　　(b) 状态轨迹

图 2-8-1　RLC 电路在过阻尼时的状态轨迹

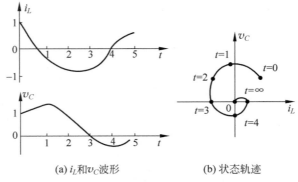

(a) i_L 和 v_C 波形　　　　(b) 状态轨迹

图 2-8-2　RLC 电路在欠阻尼时的状态轨迹

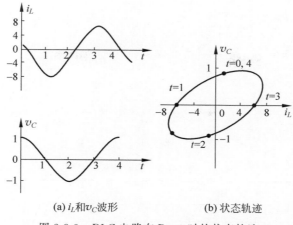

(a) i_L 和 v_C 波形   (b) 状态轨迹

图 2-8-3   *RLC* 电路在 *R* ＝ 0 时的状态轨迹

（3）李萨如图是电压电流瞬时相互关系的图形表示，即状态轨迹。如果电压、电流都是正弦，图是椭圆，长轴和水平轴之间的夹角就是电压电流差角。

三、实验仪器

双踪示波器	1 台
数字万用表	1 块
信号源和频率计模块 Ⓢ2	1 块
二阶网络模块 Ⓢ6	1 块

四、实验步骤

用示波器显示二阶网络状态轨迹的原理与显示李萨如图形完全一样。它采用方波作为激励源，使过渡过程能重复出现，以便用一般示波器观测。

（1）将模块 Ⓢ2 上的 S3 置 OFF，调节 ROL1 以及 S4，使 P2 输出幅度 4V、频率 1kHz、占空比 50％的方波；

（2）连接模块 Ⓢ2 上的 P2 与模块 Ⓢ6 上的 P5；

（3）把示波器调节为"X-Y"工作方式，CH1 接于 TP6，CH2 接于 TP7。调整 W2，使电路工作于不同状态（欠阻尼、临界阻尼、过阻尼），观测轨迹状态图，完成表 2-8-1。

表 2-8-1   实验结果

阻值与状态轨迹	欠 阻 尼	临 界 阻 尼	过 阻 尼
W2 阻值 *R*			
状态轨迹			

当用万用表测量可变电阻 W2 的电阻值时，信号源要撤离（断开 P2 与 P5 之间的连接）。二阶网络状态轨迹实验电路如图 2-8-4 所示。

（4）把 CH1 改接于 TP8，调整 W2，使电路工作于不同状态（欠阻尼、临界、过阻尼）。观测并记录轨迹状态图，完成表 2-8-2。

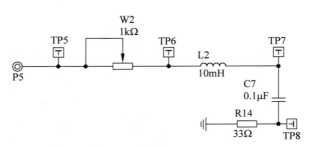

图 2-8-4　二阶网络状态轨迹实验电路

表 2-8-2　实验结果

阻值与状态轨迹	欠　阻　尼	临　界　阻　尼	过　阻　尼
W2 阻值 R			
状态轨迹			

比较以上两个步骤中形成的轨迹图形有什么不同。

五、实验报告

绘制不同状态的轨迹,思考李萨如图形的形成过程,描述改变电阻阻值过程中电压、电流的变化过程。

实验九 一阶电路的暂态响应

一、实验目的

1. 掌握一阶电路暂态响应的原理。
2. 观测一阶电路的时间常数 τ 对电路暂态过程的影响。

二、实验原理

含有 L、C 储能元件的电路通常用微分方程描述，电路的阶数取决于微分方程的阶数。用一阶微分方程描述的电路称为一阶电路。一阶电路由一个储能元件和电阻组成，具有 RC 电路和 RL 电路两种组合。RC 电路与 RL 电路的连接示意图如图 2-9-1 和图 2-9-2 所示。

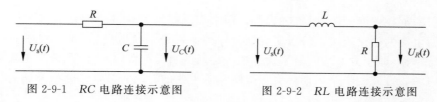

图 2-9-1 RC 电路连接示意图　　　　图 2-9-2 RL 电路连接示意图

根据给定的初始条件和列写出的一阶微分方程以及激励信号可以求得一阶电路的零输入响应和零状态响应。当系统的激励信号为阶跃函数时，其零状态电压响应一般可表示为下列两种形式：

$$u(t) = U_0 \mathrm{e}^{-\frac{t}{\tau}} \quad (t \geqslant 0) \tag{2-9-1}$$

$$u(t) = U_0 (1 - \mathrm{e}^{-\frac{t}{\tau}}) \quad (t \geqslant 0) \tag{2-9-2}$$

式中，τ 为电路的时间常数。在 RC 电路中，$\tau = RC$；在 RL 电路中，$\tau = L/R$。零状态电流响应的形式与之相似。本实验研究的暂态响应主要是指系统的零状态电压响应。

τ 值的测量方法：当电路两端加电压为 U_s 的激励时，储能元件两端的电压从 0 升到 $0.7U_s$ 所经历的时间，即为电路的时间常数 τ。

实验电路如图 2-9-3 所示。

三、实验仪器

双踪示波器	1 台
一阶网络模块 Ⓢ	1 块
信号源和频率计模块 Ⓢ	1 块

四、实验步骤

一阶电路的零状态响应是指系统在无初始储能或状态为零的情况下外加激励源引起的

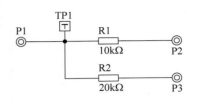 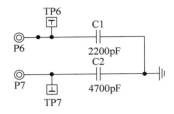

(a) 一阶RC电路实验连接图

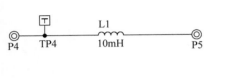 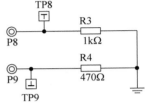

(b) 一阶RL电路实验连接图

图 2-9-3　一阶 RC、RL 电路实验连接图

响应。为了能够在仪器上观测稳定的波形,通常用周期性变化的方波信号作为电路的激励信号。此时电路的输出既可以看成研究脉冲序列作用于一阶电路,也可看成研究一阶电路的直流暂态特性,即用方波的前沿来代替单次接通的直流电源,用方波的后沿来代替单次断开的直流电源。方波的半个周期应大于被测一阶电路的时间常数 3～5 倍,方波的半个周期小于被测电路时间常数 3～5 倍时情况较为复杂。

(一) 一阶 RC 电路的观测

实验电路连接图如图 2-9-3(a)所示。

信号源 P2 输出信号的要求:频率 2.5kHz 的方波。

(1) 连接模块 Ⓢ2 的 P2 与模块 Ⓢ5 的 P1;

(2) 连接模块 Ⓢ5 的 P2 与 P6;

(3) 用示波器观测 TP6 输出的波形;

(4) 根据 R、C 计算出时间常数 τ;

(5) 根据实际观测到的波形计算出实测的时间常数 τ;

(6) 把 P2 与 P6 间的连线改变为 P2 连 P7 或 P3 连 P6 或 P3 连 P7(注:当连接点改在 P7 时,输出测试点应该在 TP7);

(7) 重复上面的实验过程,将结果填入表 2-9-1 中。

表 2-9-1　一阶 RC 电路

连　接　点	$R/\text{k}\Omega$	C/pF	$\tau = RC/\mu\text{s}$	实测 τ 值	测　试　点
P2-P6	10	2200			TP6
P2-P7	10	4700			TP7
P3-P6	20	2200			TP6
P3-P7	20	4700			TP7

(二) 一阶 RL 电路的观测

实验电路连接图如图 2-9-3(b)所示。

信号源输出信号的要求：频率 2.5kHz 的方波。

（1）连接信号源输出端 P2 与 P4；

（2）连接 P5 与 P8；

（3）用示波器观测 TP8 处输出的波形；

（4）根据 R、L 计算时间常数 τ；

（5）根据实际观测到的波形计算出实测的时间常数 τ；

（6）把 P5 与 P8 间的连线改变为 P5 连 P9，此时输出测试点也相应地改为 TP9；

（7）重复上面的实验过程，将结果填入表 2-9-2。

表 2-9-2　一阶 RL 电路

连　接　点	$R/\text{k}\Omega$	L/mH	$\tau=(L/R)/\mu\text{s}$	实测 τ 值	测　试　点
P5-P8	1	10			TP8
P5-P9	0.47	10			TP9

五、实验报告

1. 将实验测算出的时间常数分别填入表 2-9-1 与表 2-9-2 中，并与理论计算值比较。

2. 画出方波信号作用下 RC 电路、RL 电路各状态下的响应电压的波形（绘图时注意波形的对称性）。

视频

实验十　二阶电路的暂态响应

一、实验目的

观测 RLC 电路中元件参数对电路暂态的影响。

二、实验原理

1. RLC 电路的暂态响应

可用二阶微分方程来描绘的电路称为二阶电路。RLC 电路就是其中的一个例子。

由于 RLC 电路中包含有不同性质的储能元件,当受到激励后,电场储能与磁场储能将会相互转换,形成振荡。如果电路中存在电阻,那么储能将不断被电阻消耗,因而振荡是减幅的,称为阻尼振荡或衰减振荡。如果电阻较大,那么储能在初次转移时其大部分可能被电阻所消耗,不产生振荡。因此,RLC 电路的响应有欠阻尼、临界阻尼和过阻尼三种情况。以 RLC 串联电路为例,设 $\omega_0 = \dfrac{1}{\sqrt{LC}}$ 为回路的谐振角频率,$\alpha = \dfrac{R}{2L}$ 为回路的衰减常数。当阶跃信号 $u_s(t) = U_s(t \geqslant 0)$ 加在 RLC 串联电路输入端,其输出电压波形 $u_C(t)$ 由下列公式表示:

(1) $\alpha^2 < \omega_0^2$,即 $R < 2\sqrt{\dfrac{L}{C}}$,电路处于欠阻尼状态,其响应是振荡性的。其衰减振荡的角频率 $\omega_d = \sqrt{\omega_0^2 - \alpha^2}$。此时有

$$u_C(t) = \left[1 - \frac{\omega_0}{\omega_d} e^{-\alpha t} \cos(\omega_d t - \theta)\right] U_s \quad (t \geqslant 0) \tag{2-10-1}$$

式中

$$\theta = \arctan \frac{\alpha}{\omega_d} \tag{2-10-2}$$

(2) $\alpha^2 = \omega_0^2$,即 $R = 2\sqrt{\dfrac{L}{C}}$,其电路响应处于临近振荡的状态,称为临界阻尼状态。此时有

$$u_C(t) = [1 - (1 + \alpha t) e^{-\alpha t}] U_s \quad (t \geqslant 0) \tag{2-10-3}$$

(3) $\alpha^2 > \omega_0^2$,即 $R > 2\sqrt{\dfrac{L}{C}}$,响应为非振荡性的,称为过阻尼状态。此时有

$$u_C(t) = \left[1 - \frac{\omega_0}{\sqrt{\alpha^2 - \omega_0^2}} e^{-\alpha t} \operatorname{sh}\left(\sqrt{\alpha^2 - \omega_0^2}\, t + x\right)\right] U_s \quad (t \geqslant 0) \tag{2-10-4}$$

式中

$$x = \arctan \sqrt{1 - \left(\frac{\omega_0}{\alpha}\right)^2} \tag{2-10-5}$$

2. 矩形信号通过 *RLC* 串联电路

由于使用示波器观测周期性信号波形稳定而且易于调节,在实验中用周期性矩形信号作为输入信号, *RLC* 串联电路响应的三种情况如图 2-10-1 所示。

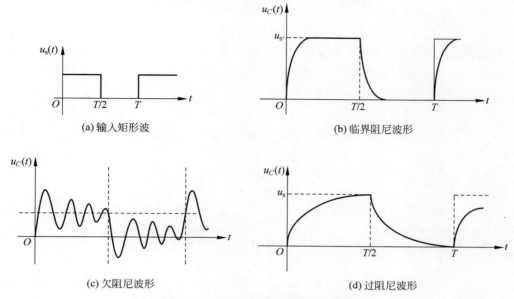

(a) 输入矩形波　　　　　　　　　　　(b) 临界阻尼波形

(c) 欠阻尼波形　　　　　　　　　　　(d) 过阻尼波形

图 2-10-1　*RLC* 串联电路的暂态响应

可在二阶网络状态轨迹模块上实现二阶电路暂态响应实验。图 2-10-2 为 *RLC* 串联电路连接示意图,图 2-10-3 为实验电路图。

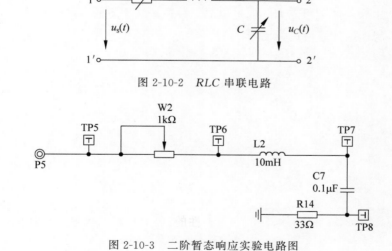

图 2-10-2　*RLC* 串联电路

图 2-10-3　二阶暂态响应实验电路图

三、实验仪器

双踪示波器	1 台
二阶网络模块 Ⓢ⑥	1 块

信号源和频率计模块Ⓢ2   1 块

四、实验步骤

从 P5 端输入矩形脉冲信号,其脉冲的频率为 1kHz。用示波器在 TP7 上观测 $u_C(t)$ 的暂态波形。

具体观测 $u_C(t)$ 的波形,可从以下四个方面进行。

(1) RLC 串联电路中的电感 $L=10\text{mH}$,电阻 $R=100\Omega$,电容 $C=0.1\mu\text{F}$,观测示波器上 $u_C(t)$ 波形的变化,并描绘其波形图,与理论计算值进行比较。

(2) 观测 RLC 串联电路欠阻尼、临界、过阻尼三种振荡状态下 $u_C(t)$ 的波形。

(3) 保持 $L=10\text{mH}$,$C=0.1\mu\text{F}$,电阻 R 由 100Ω 逐步增大,观测其 $u_C(t)$ 波形变化的情况。

(4) 记下临界阻尼状态时 R 的阻值,并描绘其 $u_C(t)$ 的波形。

(5) 完成表 2-10-1。

表 2-10-1   实验结果

R 阻值	$u_C(t)$ 波形
100Ω	
300Ω	
500Ω	
700Ω	
$1\text{k}\Omega$	

五、实验报告

描绘 RLC 串联电路欠阻尼、临界、过阻尼三种振荡状态下的 $u_C(t)$ 波形图,并将各实测数据列写成表,与理论计算值进行比较。

实验十一 二阶电路传输特性

视频

一、实验目的

1. 了解二阶有源滤波网络的结构组成及电路传输特性。
2. 了解负阻抗在串联振荡电路中的应用。

二、实验原理

（一）二阶有源带通滤波网络

二阶有源带通滤波网络如图 2-11-1 所示。

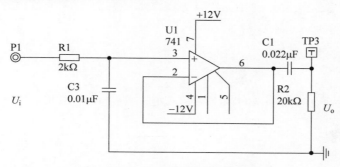

图 2-11-1 二阶有源带通滤波网络

其系统传递函数为

$$H(s)=\frac{U_o(s)}{U_i(s)}=\frac{k}{R_1C_1}\frac{s}{\left(s+\frac{1}{R_1C_1}\right)\left(s+\frac{1}{R_2C_2}\right)} \tag{2-11-1}$$

f_{p_1}、f_{p_2} 的理论值计算公式分别为

$$f_{p_1}=\frac{1}{2\pi R_1C_1},\quad f_{p_2}=\frac{1}{2\pi R_2C_2}$$

式中，R_1、C_1、R_2、C_2 分别为图 2-11-1 中的 R_1、C_3、R_2、C_1。

带通滤波器的幅频特性如图 2-11-2 所示。

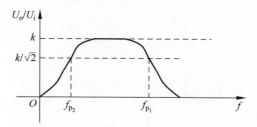

图 2-11-2 带通滤波器的幅频特性

在低频端，由 R_2C_2 的高通特性起作用，在高频端，由 R_1C_1 的低通特性起作用，在中频段，C_1 相当于开路，C_2 相当于短路，它们都不起作用，输入信号 U_i 经运算放大器后送往输

出端,由此形成其带通滤波特性。

(二) 负阻抗在串联振荡电路中的应用

在实验十"二阶电路的暂态响应"实验中,RLC 串联电路在欠阻尼状态时,其输出电压 $U_C(t)$ 波形是衰减振荡波形。实际电路如图 2-11-3 所示。如果此时电路中阻抗 $R=0$,则输出电压 $U_C(t)$ 波形应是等幅振荡波形。由于电路中电感 L 一般存在较大的损耗电阻,必须在电路中加上相同的负阻抗,使电路中的总阻抗为 0。

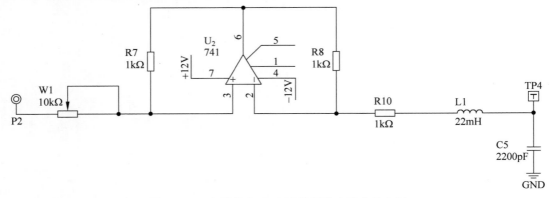

图 2-11-3 负阻抗在 RLC 串联振荡电路中的应用

三、实验仪器

双踪示波器	1 台
信号源和频率计模块 S2	1 块
二阶网络模块 S6	1 块

四、实验步骤

1. 测量有源带通滤波器的幅频特性

(1) 调节模块 S2 的 P2 并通过波形选择键选择波形,使 P2 输出幅度为 3V 的正弦波。

(2) 连接模块 S2 的 P2 与模块 S6 的 P1。

(3) 按图 2-11-1 所示连线,示波器的 CH1 连接 TP3,观测信号波形。

(4) 调节模块 S2 的 ROL1,使输入信号频率的范围为 100Hz～10kHz。

(5) 把测量的数据填入表 2-11-1 中,并绘出带通滤波器的幅频特性曲线。

表 2-11-1 测试数据

理论值 $f_{P_1} =$ ____ Hz, $f_{P_2} =$ ____ Hz				实测值 $f'_{P_1} =$ ____ Hz, $f'_{P_2} =$ ____ Hz			
f/kHz							
U_i/V							
U_o/V							
$\mid H(\mathrm{j}f)\mid = \dfrac{U_o}{U_i}$							

注:f_{P_1}、f_{P_2} 为截止频率的理论值;f'_{P_1}、f'_{P_2} 为截止频率的实测值。

2. 负阻抗在串联振荡电路中的应用

（1）将模块⑤中的 S3 置 OFF，在方波模式下，按 ROL1 约 1s，待频率计数码管出现"dy"后，调节 ROL1，使方波的占空比为 50％。P2 输出频率为 500Hz、占空比为 50％的方波。

（2）连接模块⑤的 P2 与模块⑤中的 P2。

（3）按图 2-11-3 所示接好电路，将示波器的 CH1 接于 TP4，观测输出信号波形。

（4）调节模块⑤的 W1 阻值，观测并记录示波器上波形的变化。

五、实验报告

填写各项实验任务的数据表格，描绘幅频特性曲线，并分析实验结果。

视频

实验十二　信号卷积实验

一、实验目的

1. 理解卷积的概念及物理意义。
2. 通过实验的方法加深对卷积运算的图解方法及结果的理解。

二、实验原理

卷积积分的物理意义是将信号分解为冲激信号之和,借助系统的冲激响应求解系统对任意激励信号的零状态响应。设系统的激励信号为 $x(t)$,冲激响应为 $h(t)$,则系统的零状态响应为

$$y(t) = x(t) * h(t) = \int_{-\infty}^{\infty} x(\tau) h(t-\tau) \mathrm{d}\tau \tag{2-12-1}$$

对于任意两个信号 $f_1(t)$ 和 $f_2(t)$,两者做卷积运算定义为

$$f(t) = \int_{-\infty}^{\infty} f_1(\tau) f_2(t-\tau) \mathrm{d}\tau = f_1(t) * f_2(t) = f_2(t) * f_1(t) \tag{2-12-2}$$

(一) 两个矩形脉冲信号的卷积过程

信号 $x(t)$ 与 $h(t)$ 都为矩形脉冲信号,如图 2-12-1 所示。下面用图解的方法(图 2-12-1)给出两个信号的卷积过程和结果,以便与实验结果进行比较。

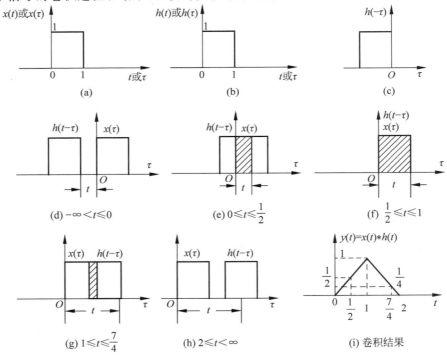

图 2-12-1　两矩形脉冲的卷积积分的运算过程与结果

图解法的一般步骤：

（1）置换$(t→τ)$，即 $f_1(t)→f_1(τ)$，$f_2(t)→f_2(τ)$。

（2）反褶$(τ→-τ)$，即 $f_2(t)→f_2(-τ)$。

（3）平移$(τ→t-τ)$，即 $f_2(-τ)→f_2(t-τ)$。

（4）相乘，即 $f_1(τ)f_2(t-τ)$。

（5）积分，即 $\int_{-\infty}^{\infty} f_1(τ)f_2(t-τ)\mathrm{d}τ$。

占空比 50% 的矩形波自卷积过程，如图 2-12-2 所示。

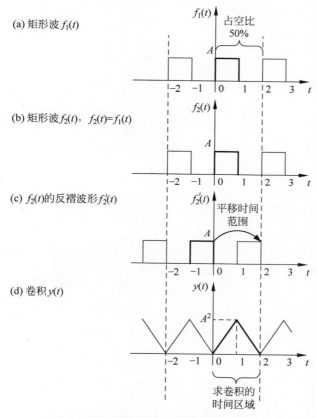

图 2-12-2　占空比 50% 的矩形波自卷积过程

占空比 25% 的矩形波自卷积过程，如图 2-12-3 所示。

（二）矩形脉冲信号与锯齿波信号的卷积

$f_1(t)$ 为锯齿波信号，$f_2(t)$ 为矩形脉冲信号，如图 2-12-4（a）、（b）所示。根据卷积积分的运算方法得到 $f_1(t)$ 和 $f_2(t)$ 的卷积积分结果 $y(t)$，如图 2-12-4（i）所示。

矩形脉冲信号的函数式为 $f_1(t)$，锯齿波信号的函数式为 $f_2(t)=2t$。

占空比 50% 的矩形波与锯齿波的互卷积过程，如图 2-12-5 所示。

占空比 25% 的矩形波与锯齿波的互卷积过程，如图 2-12-6 所示。

从图 2-12-6 可以看出，占空比 25% 的矩形波和锯齿波进行卷积的最大值为 $0.75A$。该最大值时刻就是反褶的锯齿波在平移过程中与矩形波重叠面积最大的时刻，如图 2-12-7 中阴影所示。

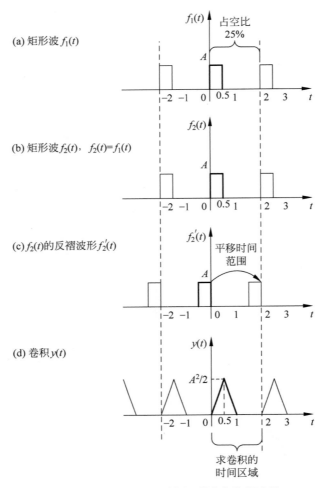

(a) 矩形波 $f_1(t)$

(b) 矩形波 $f_2(t)$，$f_2(t)=f_1(t)$

(c) $f_2(t)$ 的反褶波形 $f_2'(t)$

(d) 卷积 $y(t)$

图 2-12-3　占空比 25% 的矩形波自卷积过程

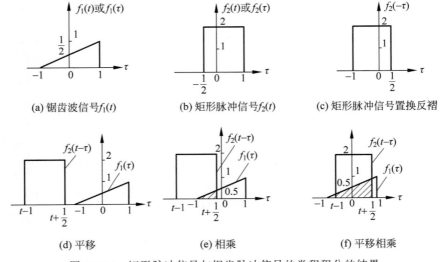

(a) 锯齿波信号 $f_1(t)$

(b) 矩形脉冲信号 $f_2(t)$

(c) 矩形脉冲信号置换反褶

(d) 平移

(e) 相乘

(f) 平移相乘

图 2-12-4　矩形脉冲信号与锯齿脉冲信号的卷积积分的结果

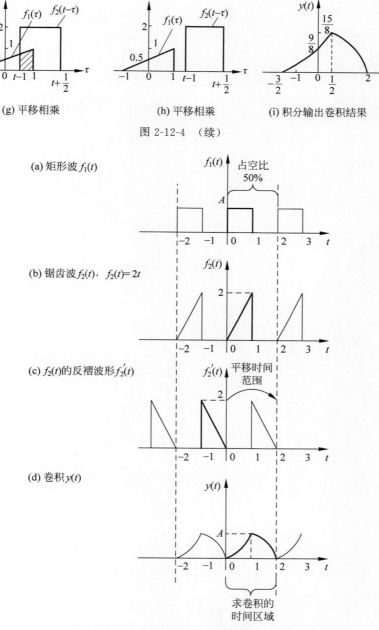

(g) 平移相乘   (h) 平移相乘   (i) 积分输出卷积结果

图 2-12-4 （续）

(a) 矩形波 $f_1(t)$

(b) 锯齿波 $f_2(t)$，$f_2(t) = 2t$

(c) $f_2(t)$ 的反褶波形 $f_2'(t)$

(d) 卷积 $y(t)$

图 2-12-5　占空比 50% 的矩形波与锯齿波的互卷积过程

此时卷积结果为阴影部分的梯形面积与矩形波的乘积，即

$$\left(\frac{2 \times 1}{2} - \frac{1 \times 0.5}{2}\right) \times A = 0.75A \tag{2-12-3}$$

注：式中是用锯齿波面积减去小三角形面积得到阴影部分的梯形面积。

（三）实验进行的卷积运算的实现方法

本系统采用了 DSP 芯片，因此在处理模拟信号的卷积积分运算时先通过 A/D 转换器

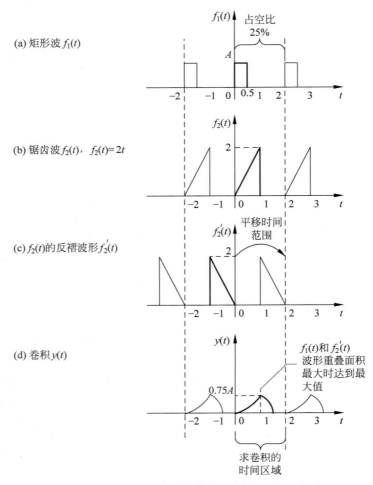

图 2-12-6　占空比 25％的矩形波与锯齿波的互卷积过程

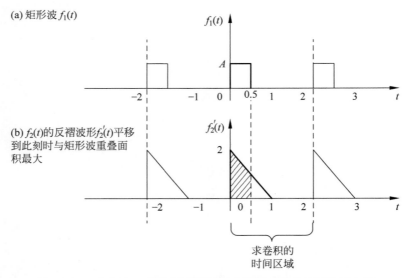

图 2-12-7　占空比 25％的矩形波与锯齿波的互卷积过程的最大值

把模拟信号转换为数字信号,利用所编写的相应程序控制 DSP 芯片实现数字信号的卷积运算,再把运算结果通过 D/A 转换为模拟信号输出。结果与模拟信号的直接运算结果是一致的。数字信号处理系统逐步和完全取代模拟信号处理系统是科学技术发展的必然趋势。

三、实验仪器

双踪示波器	1 台
信号源和频率计模块 S2	1 块
数字信号处理模块 S4	1 块

四、实验步骤

(一)矩形脉冲信号的自卷积

(1)连接模块 S2 的 P2 和模块 S4 的 P9。

(2)调节模块 S2 的 S4 使 P2 输出方波信号:S3 拨至 OFF,调节 ROL1 使方波的频率为 500Hz,调节 W1 使幅度为 1V。然后按 ROL1 约 2s,旋转调节 ROL1,使数码管上显示"50"(占空比为 50%)。

(3)将 SW1 拨为 00000010,即设置为自卷积功能。

(4)按下 S2。

(5)将示波器的 CH1 接于 P2;CH2 接于 TP1。对比观测占空比为 50% 的输入信号与卷积后输出信号波形,填入表 2-12-1 中。

表 2-12-1 输入信号和卷积后的输出信号

脉冲频率/Hz	输入信号 $f_1(t)$ 或 $f_2(t)$	输出信号 $f_1(t) * f_2(t)$
500		

实验采用的是两个矩形脉冲信号卷积,最后在 TP1 上应可观测到一个三角波。

(6)改变矩形波占空比,观测自卷积输出。

长按模块 S2 的 ROL1,使其切换到方波占空比设置功能。再旋转 ROL1,改变模块 S2 的 P2 输出矩形波的占空比至 25%。用示波器的 CH1 观测模块 S2 的 P2,可观测到矩形波的占空比变化。用示波器的 CH2 观测模块 S4 的 TP1,观测在矩形波占空比变化时,卷积信号输出的变化情况。

(7)改变矩形波的幅度,观测自卷积输出。

调节模块 S2 的 W1 使 P9 幅度为 2V。用示波器分别观测模块 S2 的 P2 和模块 S4 的 TP1,了解矩形波幅度改变时自卷积输出变化情况。

(二)矩形信号与锯齿波信号的互卷积

激励信号幅度 1V、频率 500Hz、占空比约为 50% 的方波信号,由模块 S2 提供并输入到数字信号处理模块的 P9;系统信号固定为幅度 2V、频率 500Hz 的锯齿波信号,锯齿波信号由数字信号处理模块内部产生,其对应测试点为 TP2。卷积输出测试点为 TP1。

(1) 连接模块 ⑤②的 P2 与模块 ⑤④的 P9；

(2) 调节信号源上相应的旋钮，使 P2 为幅度 1V、频率 500Hz、占空比 50% 的矩形波。

(3) 将模块 ⑤④的 SW1 拨为 00000011，并按 S2。

(4) 用示波器探头连接模块 ⑤④的 TP2，观测锯齿波的波形。

(5) 用示波器探头连接到模块 ⑤④的 TP1，观测卷积后输出信号的波形，填入表 2-12-2 中。

表 2-12-2　输入信号和卷积后的输出信号

脉冲频率/Hz	锯齿波 TP9 $f_1(t)$	矩形波 P2 $f_2(t)$	输出信号 TP1 $f_1(t) * f_2(t)$
500			

(6) 改变矩形波占空比，观测互卷积输出。

长按模块 ⑤②的 ROL1 后，使其切换到方波占空比设置功能。再旋转 ROL1，改变模块 ⑤②的 P2 输出矩形波的占空比至 25%。用示波器的 CH1 观测模块 ⑤②的 P9，可观测到 P9 输出矩形波的占空比变化。用示波器的 CH2 观测模块 ⑤④的 TP1，可观测矩形波占空变化为 25% 时互卷积信号输出的变化情况。

(7) 改变矩形波的幅度，观测互卷积输出。

调节模块 ⑤②的 W1 使 P9 幅度为 2V。用示波器分别观测模块 ⑤②的 P2 和模块 ⑤④的 TP1，了解矩形波幅度改变时互卷积输出变化情况。

五、实验报告

1. 按要求记录各实验数据，并填写表 2-12-1。

2. 按要求记录各实验数据，并填写表 2-12-2。

视频

实验十三　信号分解与合成

一、实验目的

1. 熟悉波形分解与合成原理。
2. 掌握用傅里叶级数进行谐波分析的方法。

二、实验原理

（一）信号的频谱与测量

信号的时域特性和频域特性是对信号的两种描述方式。只要时域的周期信号 $f(t)$ 满足狄利克雷（Dirichlet）条件，就可以将其展开成三角形式或指数形式的傅里叶级数。

例如，对于一个周期为 T 的时域周期信号 $f(t)$，可以用三角形式的傅里叶级数求出它的各次分量，在区间 (t_1,t_1+T) 内表示为

$$f(t) = a_0 + \sum_{n=1}^{\infty}(a_n\cos n\Omega t + b_n\sin n\Omega t) \tag{2-13-1}$$

即将信号分解成直流分量及许多余弦分量和正弦分量，研究其频谱分布情况。

信号的时域特性与频域特性之间有着密切的内在联系，这种联系可以用图 2-13-1 来形象地表示。其中图 2-13-1(a) 是信号在幅度-时间-频率三维坐标系中的波形图。图 2-13-1(b) 是信号在幅度-时间坐标系中的图形即波形图；把周期信号分解得到的各次谐波分量按频率的高低排列，就可以得到频谱图。反映各频率分量幅度的频谱称为振幅频谱。图 2-13-1(c) 是信号在幅度-频率坐标系中的波形图，即振幅频谱图。反映各分量相位的频谱称为相位频谱。在实验中只研究信号振幅频谱。周期信号的振幅频谱具有离散性、谐波性和收敛性。测量时利用了这些性质。从振幅频谱图上可以直观地看出各频率分量所占的比例。测量方法有同时分析法和顺序分析法。

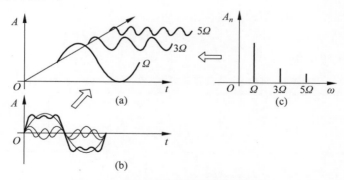

图 2-13-1　信号的时域特性和频域特性

同时分析法是利用多个滤波器，把它们的中心频率分别调到被测信号的各个频率分量上。当被测信号同时加到所有滤波器上，中心频率与信号所包含的某次谐波分量频率一致的滤波器便有输出。在被测信号发生的实际时间内可以同时测得信号所包含的各频率分

量。在实验中采用同时分析法进行频谱分析,如图 2-13-2 所示。

(二) 方波信号的分解

下面以图 2-13-3 所示的占空比为 50％的方波信号为例。

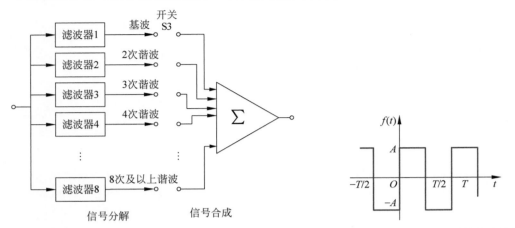

图 2-13-2　同时分析法进行频谱分析　　　　图 2-13-3　占空比为 50％的方波信号

方波在一个周期的解析式为

$$f(t)=\begin{cases}A & \left(0<t\leqslant\dfrac{T}{2}\right)\\[2mm] -A & \left(\dfrac{T}{2}<t\leqslant T\right)\end{cases}\qquad(2\text{-}13\text{-}2)$$

故有

$$B_{km}=\frac{4}{T}\int_{0}^{T/2}A\sin k\omega t\,\mathrm{d}t=-\frac{4A}{Tk\omega}\left(\cos k\omega t\Big|_{0}^{T/2}\right)=\frac{4A}{k\pi}\,(k=1,3,5,7,\cdots)\quad(2\text{-}13\text{-}3)$$

于是,所求级数

$$f(t)=\frac{4A}{\pi}\left(\sin\omega t+\frac{1}{3}\sin3\omega t+\frac{1}{5}\sin5\omega t+\frac{1}{7}\sin7\omega t+\cdots\right)\qquad(2\text{-}13\text{-}4)$$

只有 1、3、5、7 等奇次谐波分量,偶次谐波为 0。

例如,$A=1$,信号幅度为 $-1\sim+1$V,根据上面的公式可得 1、3、5、7 次谐波分量信号峰值分别为表 2-13-1 中的值。

表 2-13-1　50％占空比方波谐波次数与对应谐波分量峰值

谐 波 次 数	谐波分量幅度	谐 波 次 数	谐波分量幅度
基波	1.2732395V	5 次	0.2546479V
3 次	0.4244131V	7 次	0.1818914V

(三) 40％占空比矩形信号方波分解

下面以图 2-13-4 所示的占空比为 40％的方波信号为例。

矩形信号占空比为 40％,可知

$$t=\frac{2T}{5}$$

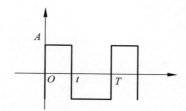

图 2-13-4 占空比为 40%的方波信号

信号为奇函数,因此

$$a_n = 0$$

$$b_n = \frac{2A}{n\pi}\sin\left(\frac{n\pi t}{T}\right) = \frac{2A}{n\pi}\sin\left(\frac{2n\pi}{5}\right) \quad (n=1,2,3,4,5,6,7,\cdots) \tag{2-13-5}$$

代入傅里叶级数公式可得到展开级数为

$$f(t) = \frac{2A}{\pi}\sum_{n=1}^{\infty}\left[\sin\left(\frac{2}{5}n\pi\right)\sin(n\omega_0 t)\right] \quad (n=1,2,3,4,5,6,7,\cdots) \tag{2-13-6}$$

由以上公式可计算出当方波峰-峰值为 2V($A=2$)时,占空比为 40%的方波信号各次谐波的峰值为表 2-13-2 中的值。

表 2-13-2 40%占空比方波信号谐波次数对应的谐波分量峰值

谐 波 次 数	谐 波 分 量 幅 度
基波	1.2109V
2 次	0.3742V
3 次	0.2495V(注意,这里计算的值应为 −0.2495V,从频域上看不出符号位,从时域上看是与基波相位相反的)
4 次	0.3027V(注意,这里计算的值应为 −0.3027V,从频域上看不出符号位,从时域上看是与基波相位相反的)
5 次	0
6 次	0.2018V
7 次	0.1069V

(四) 三角波信号的分解

三角波信号的分解如图 2-13-5 所示。

由于

$$f(t) = \begin{cases} \dfrac{4A}{T}t & \left(0 \leqslant t < \dfrac{T}{4}\right) \\[2mm] -\dfrac{4A}{T}t + 2A & \left(\dfrac{T}{4} \leqslant t \leqslant \dfrac{T}{2}\right) \end{cases} \tag{2-13-7}$$

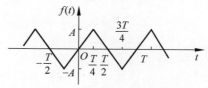

图 2-13-5 三角波信号的分解

故有

$$B_{km} = \frac{4}{T}\int_0^{T/4}\frac{4A}{T}t\sin k\omega t\,\mathrm{d}t - \frac{4}{T}\int_{T/4}^{T/2}\left(\frac{4A}{T}t - 2A\right)\sin k\omega t\,\mathrm{d}t \tag{2-13-8}$$

参照积分公式

$$\int x\sin ax\,\mathrm{d}x = \frac{1}{a^2}\sin ax - \frac{1}{a}x\cos ax \tag{2-13-9}$$

可算出

$$B_{km} = \begin{cases} \dfrac{8A}{k^2\pi^2} & (k=1,5,9,\cdots) \\[3mm] -\dfrac{8A}{k^2\pi^2} & (k=3,7,11,\cdots) \end{cases} \tag{2-13-10}$$

于是,傅里叶级数为

$$f(t) = \dfrac{8A}{\pi^2}\left(\sin\omega t - \dfrac{1}{3^2}\sin3\omega t + \dfrac{1}{5^2}\sin5\omega t - \dfrac{1}{7^2}\sin7\omega t + \cdots\right) \tag{2-13-11}$$

以 $A=1$ 为例计算出 1、3、5、7 次谐波的幅度分别为表 2-13-3 中的值。

表 2-13-3　三角波信号谐波次数对应的谐波分量峰值

谐 波 次 数	谐波分量幅度	谐 波 次 数	谐波分量幅度
基波	0.8105694V	5 次	0.0324228V
3 次	0.0900632V	7 次	0.0165422V

(五) 信号的分解提取

进行信号分解和提取是滤波系统的一项基本任务。当我们仅对信号的某些分量感兴趣时,可以利用选频滤波器提取其中有用的部分,而将其他部分滤去。

目前,DSP 系统构成的数字滤波器已基本取代了传统的模拟滤波器,数字滤波器与模拟滤波器相比具有许多优点:用 DSP 构成的数字滤波器具有灵活性大、精度高、稳定性好、体积小、性能好、便于实现等优点。因此,选用数字滤波器实现信号的分解。

在模块 S4 中选用了有 8 路输出的 D/A 转换器 TLV5608(U402),因此设计了 8 个滤波器(1 个低通滤波器、6 个带通滤波器、2 个高通滤波器)将复杂信号分解提取某几次谐波。分解输出的 8 路信号可以用示波器观测,测试点分别是 TP1、TP2、TP3、TP4、TP5、TP6、TP7、TP8。S3 的 8 位开关为各次谐波的叠加开关,当所有的开关都闭合时各次谐波叠加的合成波形从 TP8 输出。

注意:S3 的第 1~8 位依次为 1~8 次谐波控制开关。

(六) 信号的合成

矩形脉冲信号通过 8 路滤波器输出的各次谐波分量,DSP 把每次谐波的值相加从 TP8 输出,一次或几次谐波叠加是通过 S3 的 8 位的状态决定(闭合为加)。分解前的原始信号(观测 TP9)和合成后的信号应该相同。

电路中用 8 位的拨码开关 S3 分别控制各路滤波器输出的谐波是否参加信号合成,S3 的第 1 位闭合,基波参与信号的合成,S3 的第 2 位闭合,二次谐波参与信号的合成,以此类推,8 位开关都闭合,各次谐波全部参与信号合成。另外可以选择多种组合进行波形合成,例如,可选择基波和三次谐波的合成,基波、三次谐波和五次谐波的合成,等等。

图 2-13-6 列举了用 MATLAB 仿真得到的方波(频率 500Hz、幅度 2V、占空比 50%)谐波合成的结果。

(七) 输入信号极限值说明

当输入信号幅度超过 3V 时,输出信号的谐波幅度会和理论值产生较大的误差,这是芯片自身引起的。

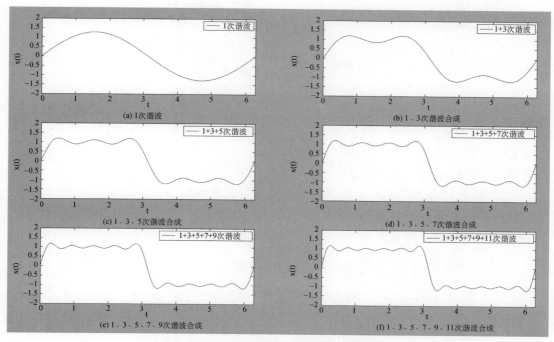

图 2-13-6 MATLAB 仿真得到的方波谐波合成的结果

输入方波信号的可选频率有 400Hz、500Hz、600Hz。

方波占空比可调位置为 40%、50%，使用其余的占空比方波输出信号会和理论值产生较大的误差。

三、实验仪器

双踪示波器　　　　　　　　　　　1 台

数字万用表　　　　　　　　　　　1 台

信号源和频率计模块Ⓢ2　　　　　1 块

数字信号处理模块Ⓢ4　　　　　　1 块

四、实验步骤

（一）方波的分解

（1）连接模块Ⓢ2的 P2 与模块Ⓢ4的 P9。

（2）设置模块Ⓢ2，使 P2 是幅度为 2V、频率为 500Hz（或 400Hz、或 600Hz）的方波（占空比调为 50%）。

（3）将 SW1 拨为 00000101，并在需要时按下 S2，即选择矩形信号分解及合成功能。S3 拨为 00000000。

（4）用示波器分别观测模块Ⓢ4的 TP1～TP7 输出的 1 次谐波至 7 次谐波的波形及 TP8 处输出的 7 次以上谐波的波形。

(5) 根据表 2-13-1、表 2-13-2 改变输入信号参数进行实验,并记录实验结果。

① 占空比 $\dfrac{\tau}{T}=1/2$:τ 的数值按要求调整,测得的信号频谱中各分量的大小,其数据按表 2-13-4 的要求记录。

表 2-13-4　$\dfrac{\tau}{T}=1/2$ 的矩形脉冲信号的频谱

$f=500\mathrm{Hz}$,　$T=$　μs,　$\dfrac{\tau}{T}=1/2$,　$\tau=$　μs,　$E=2\mathrm{V}$							
谐波频率	f	$2f$	$3f$	$4f$	$5f$	$6f$	$7f$	$8f$ 及以上
理论值(电压峰-峰值)							
测量值(电压峰-峰值)							

注:自行画表格,记录 f 为 400Hz 或 600Hz 时的信号分解频谱情况。

② 占空比 $\dfrac{\tau}{T}=2/5$:矩形脉冲信号的脉冲幅度 E 和频率 f 不变,τ 值按要求调整,测得的信号频谱中各分量的大小,其数据按表 2-13-5 的要求记录。

表 2-13-5　$\dfrac{\tau}{T}=2/5$ 的矩形脉冲信号的频谱

$f=500\mathrm{Hz}$,　$T=$　μs,　$\dfrac{\tau}{T}=2/5$,　$\tau=$　μs,　$E=2\mathrm{V}$							
谐波频率	f	$2f$	$3f$	$4f$	$5f$	$6f$	$7f$	$8f$ 及以上
理论值(电压峰-峰值)							
测量值(电压峰-峰值)							

(二) 方波的合成

(1) 用示波器观测模块 ⑤4 的 TP8,把模块 ⑤4 的 S3 拨为 10000000,观测合成输出波形(此时只有基波),并与模块 ⑤2 的 P2 信号进行比较。

(2) 将 S3 拨为 11000000,在 TP8 处观测 1 次谐波与 2 次谐波的合成波形(由于方波分解后偶次谐波都为零,合成后应仍是基波的波形)。

(3) 以此类推,按表 2-13-6 中合成要求,设置 S3,观测各波形的合成情况,并记录实验结果。

表 2-13-6　矩形脉冲信号的各次谐波之间的合成

波形合成要求	合成后的波形
基波与 3 次谐波合成	
3 次谐波与 5 次谐波合成	
基波与 5 次谐波合成	
基波、3 次谐波与 5 次谐波合成	
所有谐波的合成	
没有 3 次谐波的其他谐波合成	
没有 5 次谐波的其他谐波合成	
没有 8 次以上高次谐波的其他谐波合成	

(三) 三角波的分解与合成

(1) 设置模块 ⑤2,使 P2 是幅度为 2V、频率约为 500Hz(或 400Hz、或 600Hz)的三

角波。

（2）参照实验步骤（一）和（二），自行设置并画表格，记录三角波分解与合成的相关数据，并画出合成波形。

五、实验报告

1. 按要求记录各实验数据，总结周期信号的分解与合成原理。

2. 思考如下问题

（1）方波信号在哪些谐波分量上幅度为零？画出基波信号频率为 5kHz 的矩形脉冲信号的频谱图（取最高频率点为 10 次谐波）。

（2）提取 $\frac{\tau}{T}=1/4$ 的矩形脉冲信号的基波和 2、3 次谐波，以及 4 次以上的高次谐波，选用什么类型的滤波器？

实验十四　相位对波形合成的影响

一、实验目的

1. 理解相位对波形合成中的作用。
2. 理解幅值对波形合成的作用。

二、实验原理

在对周期性的复杂信号进行级数展开时,各次谐波间的幅值和相位是有一定关系的,只有满足这一关系各次谐波的合成才能恢复出原来的信号;否则,就无法合成原始的波形。幅度对合成波形的影响前面已讨论,本实验讨论谐波相位对信号合成的影响。

实验中的波形分解是通过数字滤波器来实现的。

数字滤波器的实现有有限长单位冲激响应(FIR)滤波器与无限长单位冲激响应(IIR)滤波器两种。由 FIR 实现的各次谐波的数字滤波器在阶数相同的情况下,能保证各次谐波的线性相位;由 IIR 实现的数字滤波器,输出为非线性相位。实验系统中的数字滤波器是由 FIR 实现的,因此在波形合成时不存在相位的影响,各次谐波的幅度调节正确即可合成原始的输入波形。若把数字滤波器的实现改为 IIR 或仍然是 FIR,但某次谐波的数字滤波器阶数有别于其他数字滤波器阶数,则各次谐波相位间的线性关系不能成立,即使各次谐波的幅度关系正确,也无法合成原始的输入波形。

通常,矩形信号由多个谐波分量信号组成(参考矩形脉冲信号的分解及合成实验),为方便了解相位对波形合成的影响,实验对矩形信号的三次谐波进行了移相处理,也就是说,在本系统中将矩形信号三次谐波的相位移动 180°。经过移向处理之后的三次谐波信号仍由 TP3 测试点输出,如图 2-14-1 所示。

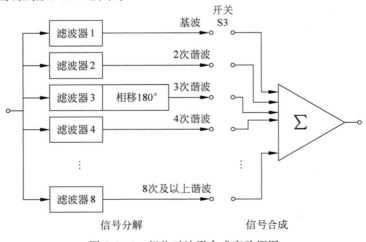

图 2-14-1　相位对波形合成实验框图

其中滤波器 1 为低通滤波，滤出基波。滤波器 2～7 为带通滤波器，滤出 2～7 次谐波，滤波器 8 为高通滤波器，滤出 8 次及以上谐波。当谐波分量的相位发生变化后，最后的合成波形也会受到影响。

下面列举由 MATLAB 仿真截取的未移向时的合成波形和 3 次谐波移向 180°后的合成波形。注：以下仿真内容的输入信号频率为 500Hz、幅度为 2V、方波。

各次谐波没有相移时的合成波形如图 2-14-2 所示。

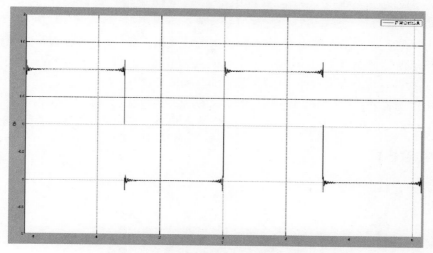

图 2-14-2　各次谐波没有相移时的合成波形

3 次谐波移向 180°之后的合成波形如图 2-14-3 所示。

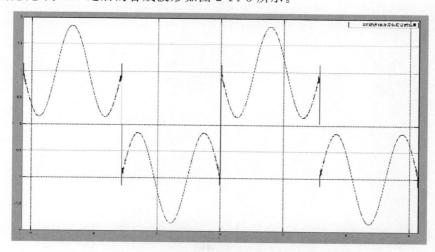

图 2-14-3　3 次谐波移向 180°之后的合成波形

三、实验仪器

双踪示波器	1 台
信号源和频率计模块 S2	1 块
数字信号处理模块 S4	1 块

四、实验步骤

(1) 连接模块 Ⓢ2 的 P2 和模块 Ⓢ4 的 P9。

(2) 调节模块 Ⓢ2 的相应按键及旋钮,使 P9 处输入信号是频率为 500Hz、占空比为 50% 的方波信号。

(3) 将 SW1 拨为 00000110,将 S3 的第 1~8 位全拨为 0。

(4) 按下 S2,复位 DSP,运行相位对信号合成影响程序。

(5) 用示波器观测基波输出点 TP1 和三次谐波输出点 TP3,比较两波形的相位。

(6) 用示波器观测合成波形输出点(测试点为 TP8)。将 S3 拨为 10100000,则此时 TP8 输出波形为基波与相移 180° 的三次谐波的叠加波形。

(7) 依次闭合开关 S3 的第 1~8 位拨为 1,在 TP8 处观测相应的各次谐波叠加后的合成波形,对比输入的方波信号,验证在 3 次谐波相位变动后合成波形是否与原始波形一致。

五、实验报告

总结相位在波形合成中的影响。

视频

实验十五　信号频谱分析

一、实验目的

1. 了解信号频谱分析的基本思路。
2. 掌握使用本平台进行实时信号频谱分析的方法，并分析其原理。

二、实验原理

DSP 可以对实时采集到的信号进行 FFT 运算以实现时域与频域的转换，FFT 运算结果反映频域中各频率分量幅值的大小，从而使画出频谱图成为可能。

用 DSP 实验系统进行信号频谱分析的基本思路：求取实时信号的抽样值并送入硬件系统，同时将进行 FFT 运算的汇编程序调入实验系统，经运算求出对应的信号频谱数据，其结果在 PC 屏幕上显示，使 DSP 硬件系统完成一台信号频谱分析仪的功能，如图 2-15-1 所示。

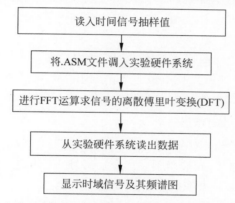

图 2-15-1　实验系统进行信号频谱分析的程序框图

三、实验仪器

计算机（含信号与系统上位机软件、MATLAB 软件）	1 台
双踪示波器	1 台
信号源和频率计模块 ⑤2	1 块
数字信号处理模块 ⑤4	1 块
串口线	1 根

四、实验步骤

（一）已知信号的频谱分析

1. 固定参数信号的频谱分析

（1）PC 串口与实验箱上串口 J1 连接好后，模块 ⑤4 的 SW1 拨为 00001110，打开电源，

按下模块 ⑤ 的 S2。

（2）运行信号与系统上位机软件 ✦，弹出信号与系统实验教学系统主窗口。在"串口配置"中选择好 PC 所用串口（如 COM1）；按下"频谱分析"按钮，进入"频谱分析"窗口；按下"信号装载"按钮，在"文件"窗口中选择路径"信号与系统/频谱分析波形"文件夹，然后在右侧选中"方波 1k.dat"文件，按下"确定"按钮；再按下"运行"键，则窗口中显示该信号时域波形并分析输出其频谱图。

（3）分别选中"方波 4k.dat""正弦 1k.dat""正弦 4k.dat""正弦 8k.dat"，查看其时域和频域波形。

2. 可变参数信号的频谱分析

（1）安装 MATLAB，将文件夹 MATLAB-DSP 中的文件夹 DSPC54 复制到 MATLAB的安装父目录文件夹中，将文件夹 M-WORK 中所有的 M 文件复制到 MATLAB 的 Work文件夹中。

（2）双击打开 MATLAB 软件，在打开的 MATLAB 窗口中的 Curren Directory 的路径选择为盘符：\MATLAB6p5p1\DSPC54。在 MATLAB 的 COMMAND WINDOW 窗口中输入"DSPM"并按回车键，在弹出窗口中按任意键继续。

（3）按下"FFT 算法的运用"按钮，在"FFT 分析信号频谱"窗口中可分别选择"连续信号的频谱""离散信号的频谱"和"连续信号与离散信号的频谱"三个菜单中选择不同的波形，在弹出的窗口中即可设置不同的波形参数，按下"开始计算"按钮，即可在窗口左侧看到信号波形以及它的频谱。如果在"放大显示波形？"后选择"Y"则会看到放大的时域频域波形。按下"返回"按钮开始再一次运算。

（二）观测实时模拟信号的频谱

（1）用串口线连接实验箱和计算机。

（2）将主板信号源产生的方波信号、正弦波信号、三角波信号输入 P9 中（频率选择10kHz 以内），并打开实验系统电源。

（3）运行系统提供的软件，进入频谱分析窗口，按下"实时分析"按钮，窗口即显示该实时信号的频谱图。

注：由于频谱分析时信号的抽样频率为 128kHz，只有当被测信号的频率与 128 成整数倍关系时，频谱图才比较稳定清楚。

五、实验报告

利用上位机软件分析波形的频谱特性。

实验十六　数字滤波器

一、实验目的

1. 了解数字滤波器的作用与原理。
2. 了解数字滤波器的设计实现过程。

二、实验原理

滤波器的一项基本任务是对信号进行分解与提取。当仅对信号的某些分量感兴趣时，可以利用选频滤波器提取其中有用的部分而将其他部分滤去。目前 DSP 系统构成的数字滤波器已基本取代了传统的模拟滤波器，数字滤波器与模拟滤波器相比，具有灵活性大、精度高、稳定性好、体积小、性能好、便于实现等优点。因此，这里选用数字滤波器来实现信号的分解。

（一）用辅助设计软件设计 IIR 滤波器

单击 MATLAB 图标进入 MATLAB 工作环境，如实验十五所述指定路径。在 MATLAB 指令窗下输入 DSPM（按回车键），将出现"数字信号处理实验辅助分析与设计系统"主画面，按任意键将进入下一级菜单画面。单击 IIR 滤波器辅助设计选项，进入 IIR 数字滤波器辅助设计窗口，如图 2-16-1 所示。在窗口左上方单击"选择滤波器类型"下拉菜单，可见低通、高通、带通、带阻四个选项。每种选项又分为"输入 F_s""输入 f_p、N""输入 f_p、f_{st}、A_s、R_p"三种选择。其中每种选项又可以选用 Butterworth（巴特沃斯型）、Chebyshev Ⅰ（切比雪夫Ⅰ型）、Chebyshev Ⅱ（切比雪夫Ⅱ型）和 Elliptic（椭圆型）四种滤波器。

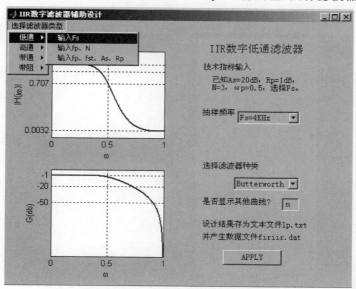

图 2-16-1　IIR 滤波器辅助设计窗口

为配合硬件实验装置的工作,本数字滤波器辅助设计选用的抽样频率 F_s 均为 2 的 N 次方,最高抽样频率 $F_s=128\text{kHz}$。

1. 输入 F_s

根据设计要求选定抽样频率 F_s 后,再选定数字滤波器的种类,单击 APPLY 按钮,即开始进行设计。图形窗口的左边显示图形结果,数据结果将在 MATLAB 命令窗口给出。

该选项采用了 IIR 滤波器最典型的设计参数(以低通滤波器为例):原型滤波器阶数 $N=3$;归一化的数字滤波器通带边界频率 $\omega_p=0.5$;通带最大衰减 $R_p<1\text{dB}$;阻带最小衰减 $A_s>20\text{dB}$。

2. 输入 f_p、N

根据设计要求选择 F_s、f_p 和 N,选定数字滤波器的种类后,单击 APPLY 按钮,即开始进行设计。图形窗口的左边显示图形结果,数据结果将在 MATLAB 命令窗口给出。

此选项通带最大衰减和阻带最小衰减为固定值: $R_p<1\text{dB}$; $A_s>20\text{dB}$。

3. 输入 f_p、f_{st}、A_s、R_p

该选项是一个选择范围最大的选项,可根据设计要求选择 F_s、f_p、f_{st}、A_s、R_p。选定数字滤波器的种类后,单击 APPLY 按钮,即开始进行设计并显示结果。

注意:以上设计结果将在 MATLAB 的 DSPC54 子文件夹下自动存为文本文件(如 Lp.txt)和供 DSP 实验硬件系统使用的数据文件 firiir.dat。

另外,在 IIR 滤波器窗口,还有一个选项"是否显示其他曲线",当选 Y 时,单击 APPLY 按钮,还将显示滤波器的冲激响应和相频特性曲线。

进行 IIR 滤波器设计时,使用"输入 F_s"或"输入 f_p、N"项注意以下问题:

(1) 巴特沃斯型滤波器的技术指标以通带截止频率 f_c 为准,此时 R_p 为 3dB 而不是 1dB。

(2) 切比雪夫 I 型滤波器的技术指标以通带边界频率 f_p 为准,此时 $R_p=1\text{dB}$。

(3) 切比雪夫 II 型滤波器的技术指标以阻带边界频率 f_{st} 为准,此时 $A_s=20\text{dB}$。

(4) 椭圆型数字滤波器的技术指标以通带边界频率 f_p 为主,又兼顾阻带边界频率 f_{st},此时 $R_p=1\text{dB}$, $A_s=20\text{dB}$。

(二) FIR 滤波器辅助设计

单击 FIR 滤波器辅助设计选项,进入 FIR 滤波器辅助设计窗口,如图 2-16-2 所示。在窗口左上方可见"窗函数法"和"频率抽样法"两个选项。单击"窗函数法"或"频率抽样法"下拉菜单,可见低通、高通、带通、带阻四个选项。其中,窗函数法为使用者提供矩形、三角、Bartlett、Hamming、Hanning、Kaiser 六种窗口。

1. 窗函数法

分为"输入 f_p、f_{st}""输入 f_p、N"两种选择。可根据给定的技术指标选择输入,然后选择不同的窗函数。单击 APPLY 按钮,即开始进行设计。图形窗口的左边显示图形结果,数据结果将在 MATLAB 命令窗口给出。

使用者可根据设计结果分析,确定最后选定的窗函数。

2. 频率抽样法

根据给定的技术指标选择输入后,单击 APPLY 按钮,即开始进行设计并显示结果。

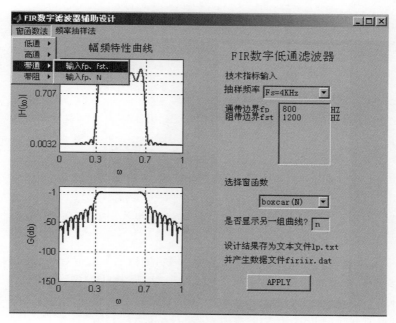

图 2-16-2 FIR 数字滤波器辅助设计窗口

注意:以上设计结果将在 MATLAB 的 DSPC54 子目录下自动存为文本文件(如 lp. txt)和供 DSP 实验硬件系统使用的数据文件 firiir. dat。

另外,在 FIR 滤波器窗口还有一个选项"是否显示另一组曲线",当选 Y 时,单击 APPLY 按钮,还将显示滤波器的冲激响应、频响抽样值、窗函数以及幅频特性等曲线。

(三)建立设计结果数据文件

输入设计指标,单击 APPLY 按钮,辅助设计系统将自动建立一个设计结果文本文件 (如 lp. txt)以及数据文件 firiir. dat。

(四)实现设计的数字滤波器

把滤波器系数和滤波器实现程序,即在 DSPC54 文件夹中生成的 firiir. dat,经 RS-232 口送入 DSP 系统,其结果可通过示波器测试。调节输入信号的频率,观测信号经滤波器之后的幅度变化,是否和设计预期一样。

三、实验仪器

计算机	1 台
双踪示波器	1 台
信号源和频率计模块 S2	1 块
数字信号处理模块 S4	1 块

四、实验步骤

1. 用双线性变换法设计并用实验系统实现三阶切比雪夫 I 型低通数字滤波器(抽样频率 $F_s=8\mathrm{kHz}$,1dB 通带边界频率 $f_p=2\mathrm{kHz}$)。

(1) 用双线性变换法设计以上低通滤波器。

(2) 建立其数据文件,对数据文件进行汇编连接,并将汇编后产生的汇编文件调入实验系统。

(3) 在输入端加正弦波,用双踪示波器观测数字滤波器的幅频特性,将测量数据记入自行准备的表格,并描绘其幅频特性曲线。

2. 用双线性变换法设计并用实验系统实现三阶切比雪夫 II 型高通数字滤波器(抽样频率 $F_s = 16\text{kHz}$,阻带边界频率 $f_{st} = 4\text{kHz}$,$A_s = 20\text{dB}$)。

(1) 用双线性变换法设计以上高通滤波器。

(2) 建立其数据文件,对数据文件进行汇编连接,并将汇编后产生的汇编文件调入实验系统。

(3) 在输入端加正弦波,用双踪示波器观测数字滤波器的幅频特性,将测量数据记入自行准备的表格,并描绘其幅频特性曲线。

3. 设计 FIR 带通数字滤波器(抽样频率 $F_s = 16\text{kHz}$,通带边界频率分别为 $f_{p2} = 3\text{kHz}$,$f_{p1} = 5\text{kHz}$,要求在通带内 $R_p < 1\text{dB}$。f 小于 2kHz,大于 6kHz 为阻带,$A_s > 40\text{dB}$)。

(1) 设计符合以上要求的数字滤波器,并编写能够输出 F_s、N、a_i、b_i 参数的程序。

(2) 用硬件系统实现设计的 FIR 滤波器,用示波器观测其设计结果,逐点描绘其曲线,并与 MATLAB 中显示的结果相比较。

4. 设计 FIR 带阻数字滤波器(抽样频率 $F_s = 32\text{kHz}$,上下阻带边界频率为 $f_{s2} = 5\text{kHz}$,$f_{s1} = 10\text{kHz}$,$A_s > 40\text{dB}$;下通带边界频率为 4kHz,上通带边界频率为 11kHz,$R_p < 1\text{dB}$)。

(1) 设计符合以上要求的数字滤波器,并编写能够输出 F_s、N、a_i、b_i 参数的程序。

(2) 用硬件系统实现设计的 FIR 滤波器,用示波器观测其设计结果,逐点描绘其曲线,并与 MATLAB 中显示的结果比较。

五、实验报告

1. 进一步熟悉数字滤波器的设计方法。

2. 自行设计并实现一个数字滤波器。

实验十七　直接数字频率合成

一、实验目的

1. 理解直接数字频率合成的原理。
2. 了解数字直接数字频率合成的过程。

二、实验原理

直接数字频率合成(DDS)是产生高精度、快速变换频率、输出波形失真小的优先选用技术。DDS 以稳定度高的参考时钟为参考源,通过精密的相位累加器和数字信号处理,通过高速 D/A 变换器产生所需的数字波形(通常是正弦波形),这个数字波经过一个模拟滤波器后,得到最终的模拟信号波形。本设计采用 DSP 代替专门的 DDS 芯片,DSP 程序内部建有一个 1K 的正弦表,在每个输出时钟,DSP 就以一定的步长移动,去查询表,把相位转化为相应的幅值,通过 D/A 输出。

(一) 实验设置

本实验需将模块 ⑤④ 的 SW1 拨为 00001000,即模块 ⑤④ 设置为频率合成功能。

合成波形输出测试点为 TP1。由 S3 的第 1~8 位控制输出正弦波信号的频率。拨码值与频率对应关系如表 2-17-1 所示。

表 2-17-1　开关 S3 设置与对应正弦波的输出频率(测试点 TP1)

开关 S3 设置	对应正弦波的输出频率(测试点 TP1)
10000000	1.25kHz
01000000	2×1.25kHz
11000000	3×1.25kHz
00100000	4×1.25kHz
101000000	5×1.25kHz
01100000	6×1.25kHz
⋮	⋮
11111110	127×1.25kHz

注:在本实验中把 S3 的第 8 位(DIP 数字 8)置为"0"状态,防止超出系统能够稳定输出正弦波信号的最大频率。

(二) 输出波形频率越高,波形的台阶状越明显

本实验采用是 DDS 方法来产生正弦波。简单地说,就是有一个固定的时钟(实验中是 1280kHz)去查询正弦波的表(这里是 1024 点)。

当每个时钟周期按正弦波顺序输出时,输出正弦波频率为 1280kHz/1024=1.25kHz。当每个时钟周期在正弦表中隔一个点输出时,输出正弦波频率为 1280kHz/512=2.5kHz。所以输出频率越高,间隔的点数就越多。当合成的正弦波频率为 160kHz 时,每个正弦波周期只能输出 1280kHz/160kHz=8 个点。

波形输出示意图如图 2-17-1 所示。

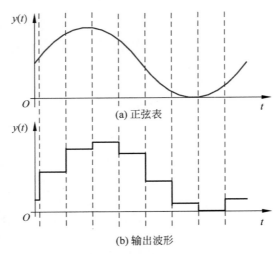

图 2-17-1　波形输出示意图

当输出频率越高时,输出正弦波每个周期的点数就越少,点与点之间的幅值差就越大,看到波形的台阶就越明显。

三、实验仪器

双踪示波器　　　　　　　　1 台

数字信号处理模块 S4　　　1 块

四、实验步骤

(1) 将模块 S4 的 S3 的 8 位都拨为 0。

(2) 开关 SW1 拨为 00001000,按下 S2,使系统运行频率合成程序。

(3) 把示波器的 CH1 通道接到 TP1,把 S3 的第 1 位拨为 1,观测 TP1 输出的正弦波信号,并测量其频率。

(4) S3 的第 8 位(DIP 数字 8)保持为 0,改变 S3 的第 1~7 位的状态,观测输出信号的波形,记录在各种状态下 TP1 输出的正弦信号的频率,并填表 2-17-2。

表 2-17-2　实验结果

开关 S3 拨码值	10000000	01000000	11000000	00100000	10100000	……
输出信号频率						

注意:本实验拨码开关 S3 的第 8 位一直为 0 状态。

五、实验报告

1. 进一步了解直接频率合成原理。

2. 总结上面波形的变化,记录每次波形的频率。

视频

实验十八 系统极点对系统频响的影响

一、实验目的

1. 了解系统函数零极点分布对系统频响的影响。
2. 学会改变系统极点的位置而改变系统频响的方法。
3. 用正弦波测试两个系统的幅频特性,并比较其传输函数以及一些特殊频点的变化。

二、实验原理

系统函数可表示为

$$H(s) = \frac{K \prod\limits_{j=1}^{m}(s - z_j)}{\prod\limits_{i=1}^{n}(s - p_i)} \tag{2-18-1}$$

取 $s = j\omega$,即在 s 平面中 s 沿虚轴移动,得到

$$H(j\omega) = \frac{K \prod\limits_{j=1}^{m}(j\omega - z_j)}{\prod\limits_{i=1}^{n}(j\omega - p_i)} \tag{2-18-2}$$

容易看出,频率特性取决于零极点的分布,即取决于 z_j、p_i 的位置。从系统的观点来看,要抓住系统特性的一般规律,必须从零极点分布的观点入手研究。下面研究系统极点对系统频响的影响。

直通系统如图 2-18-1 所示。

其传输函数可以表示为

$$\frac{Y(s)}{X(s)} = \frac{K\gamma}{s + \gamma} = \frac{K\gamma}{M} e^{j\varphi(\omega)} \tag{2-18-3}$$

式中

$$M = \sqrt{\omega^2 + \gamma^2} \tag{2-18-4}$$

$$\varphi = -\theta \tag{2-18-5}$$

其零极点图如图 2-18-2 所示。

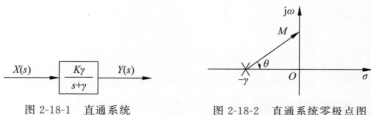

图 2-18-1 直通系统   图 2-18-2 直通系统零极点图

根据上式就可得到系统的频率响应曲线,如图 2-18-3 所示。

此系统的频率响应特性符合低通滤波器的特性,则其特征频点为 γ。只要系统的零、极点分布相同,就会具有一致的时域、频域特性(表现为低通的频响)。

若在图 2-18-1 中加上一反馈,则系统极点会改变,如图 2-18-4 所示。

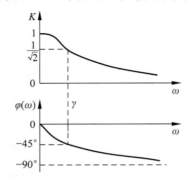

图 2-18-3 直通系统的频率响应特性

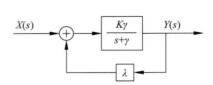

图 2-18-4 带反馈系统

其传输函数可以表示为

$$H(s) = \frac{\dfrac{K\gamma}{s+\gamma}}{1+\dfrac{\lambda K\gamma}{s+\gamma}} \tag{2-18-6}$$

$$H(s) = \frac{K\gamma}{s+(1+K\lambda)\gamma} \tag{2-18-7}$$

可见,加上一反馈时,系统的极点为 $-(1+K\lambda)\gamma$,从而系统的频响也将相应的改变,具体表现为特征频点变为 $(1+K\lambda)\gamma$,成为原来的 $1+K\lambda$ 倍。

实验电路图如图 2-18-5 所示。

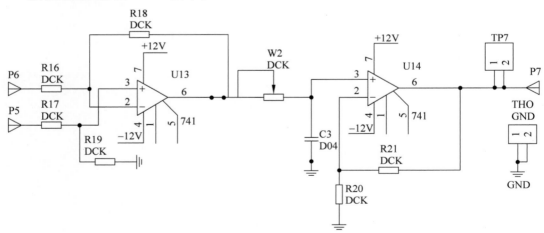

图 2-18-5 改变系统极点对系统频响的影响

实验中将正弦波送至模块 ⑤⑦ 的 P5。通过改变 P6 的接法,可以改变该系统极点的位置;当 P6 接地时,该电路为图 2-18-1 所示的直通系统,当 P6 接 P7 时,该电路为图 2-18-3 所示的带反馈系统。

三、实验仪器

双踪示波器	1 台
信号源和频率计模块 Ⓢ2	1 块
系统相平面分析和极点对系统频率响应特性的影响模块 Ⓢ7	1 块
基本运算单元和连续系统模拟模块 Ⓢ9	1 块

四、实验步骤

1. 直通系统的频响特性测试

(1) 将模块 Ⓢ2 的 P2 连接至模块 Ⓢ7 的 P5,并将模块 Ⓢ7 的 P6 接地。

(2) 设置模块 Ⓢ2 使 P2 输出频率为 100Hz、峰-峰值约为 5V 的正弦波。

(3) 在保持输入信号幅度不变的情况下,改变其频率(以 10Hz 为一个步进,使输出信号的幅度为原信号的 0.707,此时的频率即为特征频点),根据点频法测出系统的频响特性曲线。

2. 反馈系统的频响特性测试

(1) 将模块 Ⓢ7 的 P7 接 P6,搭建成反馈系统。

(2) 用上述同样的方法,记录此系统的特征频率点,并绘出系统的频响特性曲线。

(3) 调节 W2 改变电阻值,则其截止频率将发生变化,然后观测不同系统的情况的频响特性。

五、实验报告

1. 列写出两个系统的传输函数和极点,并绘制其零极点图。

2. 绘制出两个系统的频响特性曲线,并比较其频响特性的区别,总结系统极点对系统频响的影响。

视频

实验十九   系统相平面的分析

一、实验目的

1. 熟悉系统相频特性。
2. 了解相频特性曲线的绘制。
3. 了解李萨如图观测系统相位的方法。
4. 用不同频率的正弦信号去测试系统相频特性,观测其相移的效果。

二、实验原理

系统的频响特性是指系统在正弦信号的激励下,稳态响应随信号频率的变化情况。这包含幅度随频率的响应以及相位随频率的响应两个方面。实验将会介绍系统相位随频率的响应的分析。

从系统的观点看,要抓住系统特性的一般规律,必须从零极点分布的观点入手,下面还是先从系统的零极点开始研究。

设一个系统的传输函数为

$$H(j\omega) = K\frac{N_1 e^{j\varphi_1} N_2 e^{j\varphi_2} \cdots N_m e^{j\varphi_m}}{M_1 e^{j\theta_1} M_2 e^{j\theta_2} \cdots M_n e^{j\theta_n}} \tag{2-19-1}$$

则其相频特性可表示为

$$\varphi(\omega) = (\varphi_1 + \varphi_2 + \cdots + \varphi_m) - (\theta_1 + \theta_2 + \cdots + \theta_n) \tag{2-19-2}$$

其零极点图如图 2-19-1(其中 p_1 为极点,z_1 为零点)所示。

当 ω 沿虚轴移动时,各复数因子(矢量)的幅角都随之改变,于是得出相应的相频特性曲线,这种方法也称为 s 平面几何分析。

本实验电路分为两级,如图 2-19-2 所示。图 2-19-2(a)所示电路为一固定的系统,即系统特征不能改变;图 2-19-2(b)所示电路中极点的位置发生了改变,系统的特征也就相应发生了

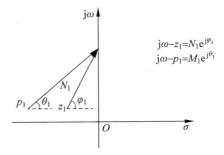

图 2-19-1   系统的零极点图

改变,系统的相平面也就发生了变化,这一变化即可体现在相频特性曲线上。这两级既可单独进行测试,也可级联,相位的曲线将有所不同。

三、实验仪器

双踪示波器	1台
信号源和频率计模块 S2	1块
系统相平面分析和极点对系统频率响应特性的影响模块 S7	1块
基本运算单元和连续系统模拟模块 S9	1块

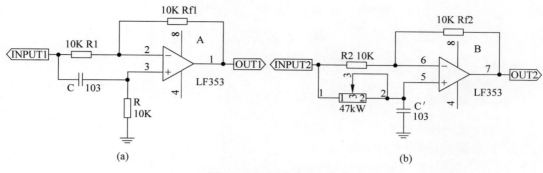

图 2-19-2　相移系统电路

四、实验步骤

1. 前级电路相频特性测试

（1）实验电路前级如图 2-19-2(a)所示。

（2）在模块 ⑤2 上，调节 ROL1 和 W1 使其 P2 输出频率为 100Hz、峰-峰值为 5V 左右的正弦波，并把 P2 连接到模块 ⑦ 的 P1。

（3）示波器分别接模块 ⑦ 的 P1 和 P2，在保持输入信号幅度不变的情况下改变其频率，利用李萨如图观测其相位情况（示波器调为 X-Y 工作方式）。

2. 后级电路相频特性测试

（1）实验电路后级如图 2-19-2(b)所示。

（2）将模块 ⑤2 的 P2 输出的正弦波连接至模块 ⑦ 的 P3。

（3）示波器再分别接模块 ⑦ 的 P3 和 P4，在保持输入信号幅度不变的情况下改变输入信号的频率，观测此时相位特性。调节模块 ⑦ 上的 W1，则系统的相位特性将会发生改变，观测电位器值发生改变时系统相位改变的情况。

3. 两个电路进行级联的相频特性测试

（1）搭建级联电路：将模块 ⑤2 的 P2 输出的正弦波接至模块 ⑦ 的 P1，将前级输出点 P2 连接至后级输入点 P3。

（2）用示波器分别接模块 ⑦ 的前级输入点 P1 和后级输出点 P4，在保持输入信号幅度不变的情况下改变输入信号的频率，观测此时相位特性。调节电位器 W1，则系统的相位特性将会发生改变，观测电位器值发生改变时系统相位改变的情况。

五、实验报告

1. 绘制并比较三种相频特性曲线，总结对信号处理的心得。

2. 思考如下问题：

（1）要对一个正弦信号采用 90°的相位移动，设计出相应的参数，进行调试比较。

（2）对于要求较高的学生，可以做如下的思考：对于以上的相移系统，它的极点和零点一般是对于虚轴对称的，那么极点和零点同时在虚轴的左边会出现怎样的情况？

视频

实验二十　频分多路复用传输系统

一、实验目的

1. 掌握频分多路复用(FDM)的基本原理。
2. 掌握频分多路解复用的常用方法。

二、实验原理

(一) 频分复用及解复用基本原理

在信道上(如无线信道)将若干路信号以某种方式汇合在同一信道中进行传输,称为多路复用。在近代通信系统中普遍采用多路复用技术,如频分多路复用技术。

频分多路复用要求设备在发送端将各路信号频谱搬移到各个不相同的频率范围内,使它们互不重叠,这样就可复用同一信道传输,如图 2-20-1 所示。

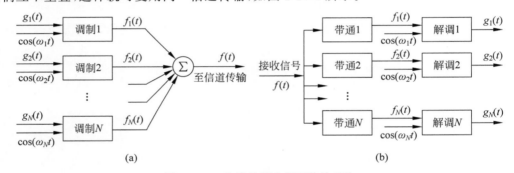

图 2-20-1　信号的频分复用传输系统

接收端利用若干滤波器将各路信号分离,再经解调即可还原为各路原始信号。

(二) 模块 Ⓢ8 的相关说明

模块 Ⓢ8 主要由以下三大部分组成。

(1) 调制单元: 两个乘法器($y(t) = s(t)x(t)$),用于信号的调制,为能在信道传输做好准备。信号源电路自身产生 64kHz、256kHz 载波,由 P3、P4 输出。

(2) 复用单元: 使两路已调信号复用在同一信道中进行传输。

(3) 解复用和解调单元: 利用带通滤波器将两路已调信号解复用并检波恢复成原调制信号输出。解调的过程一般称为检波,有包络检波和同步检波两种方法,实验采用包络解调。

模块 Ⓢ8 上的可调电阻、信号插孔及测试点说明如下:

W1: 调节载波频点为 64kHz 的已调幅波的调制度。

W2: 调节载波频点为 256kHz 的已调幅波的调制度。

P1、P3: 载波输入(从模块 Ⓢ2 的 P3、P4 引入),相应的信号测试点为 TP1、TP3。

P2 、P4：模拟信号输入（可由模块 S2 的 P2 提供，也可由数字信号处理模块提供），相应的信号测试点为 TP2、TP4。

P5：幅度调制输出 1。

P6：幅度调制输出 2。

P7：复用输入信号 1。

P8：复用输入信号 2。

P9：两路信号经过时分复用之后的输出点（TP9 为其相应的测试点）。

P10：复用信号输入端口。

TP5：载波频率为 64kHz 的已调幅波的测试点。

TP6：载波频率为 256kHz 的已调幅波的测试点。

TP9：两路已调幅波复用信号的测试点。

TP12：两路频分解复用波形之一（载波为 64kHz）。

TP14：已调幅波的半波整流测试点。

TP13：两路频分解复用波形之一（载波为 256kHz）。

TP15：已调幅波的半波整流测试点。

TP16：解调信号输出测试点之一。

TP17：解调信号输出测试点之二。

三、实验仪器

20M 双踪示波器	1 台
信号源和频率计模块 S2	1 块
调幅和频分复用模块 S8	1 块

四、实验步骤

（1）设置载波信号和音频信号。

载波信号由模块 S2 的 P3、P4 输出，产生 64kHz 和 256kHz 的正弦波。

音频信号由模块 S2 的 P2 提供（或者利用模块 S4 的频率合成功能产生，由 P1 提供）。

（2）参考表 2-20-1 和实验图 2-20-2 进行连线。

表 2-20-1　端口连线参考表

源 端 口	目 的 端 口	连 线 说 明
模块 S2：P3（64kHz）	模块 S8：P1（载波输入 1）	提供 1 路载波输入
模块 S2：P2（模拟输出）	模块 S8：P2（模拟输入 1）	提供 1 路音频输入
模块 S2：P4（256kHz）	模块 S8：P3（载波输入 2）	提供 2 路载波输入
模块 S2：P2（模拟输出）	模块 S8：P4（模拟输入 2）	提供 2 路音频输入
模块 S8：P5（调制输出 1）	模块 S8：P7（复用输入 1）	送入频分复用单元

续表

源 端 口	目 的 端 口	连 线 说 明
模块 ⑤8：P6(调制输出 2)	模块 ⑤8：P8(复用输入 2)	送入频分复用单元
模块 ⑤8：P9(调制输出 1)	模块 ⑤8：P10(输入)	送入解复用和解调端

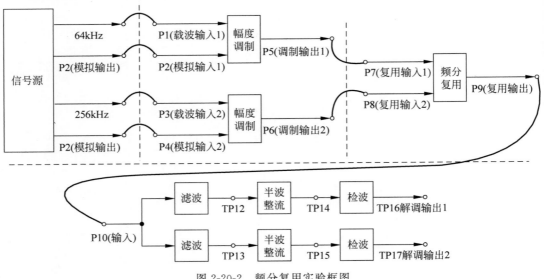

图 2-20-2　频分复用实验框图

(3) 适当调节调幅电路中的 W1 和 W2,改变调幅输出信号。

(4) 用示波器观测并记录频分复用传输系统中每个中间过程的波形。

(5) 用示波器 FFT 功能(或频谱仪)观测频分复用前后的频谱特性。

五、实验报告

1. 绘制出两路已调信号、复用信号、解复用信号和解调信号。

2. 绘制出 FDM 传输系统框图。

第3章

二次开发教学实验(选)

二次开发教学实验(选)的目的是让学生了解 DSP 单元的功能、原理及基本组成,熟悉 DSP 的指令系统,掌握复杂可编程逻辑器件(CPLD)可编程输出信号的产生方法,学会使用 DSP 程序实现数字滤波恢复。本章在基础实验项目的基础上设置了 5 个选做的综合实验,通过这 5 个综合实验项目的操作,可以掌握 DSP 单元组成及实现各功能的信号处理过程,进一步掌握 DSP 的开发与应用。通过本章的实验,培养学生学以致用、解决实际问题的能力。

实验二十一　数字信号处理单元

一、实验目的

了解数字信号处理单元的功能、原理及基本组成。

二、实验原理

数字信号处理单元的核心芯片是 TI 公司的 TMS320C5402,在配上 A/D、D/A 外设后即可在软件的配合下完成数字滤波器的计算、卷积、信号分解等实验。下面分别作简要介绍。

实验平台可以实现各种特性的滤波器,方法是首先在 MATLAB 环境下运行系统提供的 DSPM 程序,用该程序将要实现的滤波器性能参数转换为冲激响应的系数并转换为十六进制数(本系统能处理的系数最高为 128 阶),将冲激响应和输入信号(A/D 转换后的数字信号)进行卷积运算后的数据从 D/A 输出。

实验平台既可实现输入信号的自卷积,也可实现输入信号和系统的卷积。其工作过程是 DSP 采集经 A/D 转换后的输入信号,若是自卷积,则将采集到的数字信号进行自卷积,若是信号与系统卷积,则将输入信号与 DSP 内产生的(设是系统信号)信号进行卷积。

DSP 将 A/D 转换后的输入信号进行 FFT,变换后的数据(反映频域中谱分量的大小)

存在 DSP 的动态随机存取内存(DRAM)中,PC 经主机接口读入该数据并作图即可在 PC 上显示出输入信号的频率分量的组成及分量的大小。

定性分析已知的输入信号频率分量组成后,可用 DSP 同时实现对应各频率分量的带通滤波器,从而能将各频率分量滤出,即分解了复杂信号。本系统可同时实现 8 个数字滤波器(系统带一个有 8 路 D/A 的芯片 TLC5608)。

数字信号处理单元组成如图 3-21-1 所示。

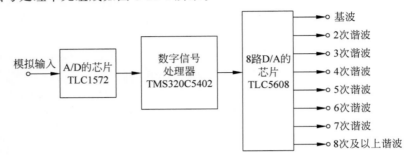

图 3-21-1　数字信号处理单元基本组成

三、实验仪器

双踪示波器	1 台
计算机	1 台
数字信号处理模块 S4	1 块
DSP 仿真器	1 个

四、实验步骤

(1) 在 MATLAB 环境下运行系统提供的 DSPM 程序(可参考"数字滤波器实验"的相关说明)。

(2) 确定数字滤波器的参数。

(3) 将要实现的滤波器性能参数转换为冲激响应的系数并转换为十六进制数。

(4) 冲激响应和输入信号(A/D 转换后的数字信号)进行卷积运算后的数据从 D/A 输出。

五、实验报告

1. 理解并描述数字信号处理单元组成及实现各功能的信号处理过程。

2. 设计能分解出频率为 6kHz 方波的 1~6 次谐波的各滤波器性能参数。

实验二十二　数字信号处理应用实验

一、实验目的

1. 熟悉 DSP 定时器/计数器、I/O 口使用、DSP 缓冲串口的使用、各存储空间访问等基本原理。

2. 熟悉 DSP 的指令系统。

二、实验原理

实验平台提供 DSP 应用的硬件支持有基本 I/O 口 XF 的使用(有发光二极管指示和测试点)、定时器/计数器使用(定时溢出有发光二极管指示和测试点)、串行方式的 A/D 接口、串行方式的 D/A 接口。

选择哪部分的应用实验就应查阅相应的 DSP 资料,如定时器使用部分:

C5402 的定时器/计数器有两个,工业中计数器和定时器常用于检测及控制,定时器可以通过软件编程或硬件锁相环精确定时。该实验以方波发生器为例介绍定时器的编程,时钟频率为 16.384MHz,在 XF 端输出一个周期为 20ms 的方波,方波的周期由片上定时器确定,采用中断方法实现。

1. 定时器 0 的初始化

(1) 设置定时控制寄存器(TCR,地址 0024H):

15~12	11	10	9~6	5	4	3~0
保留	soft	free	PSC	TRB	TSS	TDDR

保留:通常情况下设置为 0000。

soft 和 free(软件调试控制位):当 free=0,soft=0 时,定时器立即停止工作;当 free=0,soft=1 且计数器 TIM 减为 1 时,定时器停止工作;当 free=1,soft=X 时,定时器继续工作。该例中设置 free=1,soft=0。

PSC(预定标计数器):当复位或其减为 0 时,预标定分频系数(TDDR)自动加载到 PSC 上。该例中设置 TDDR=1001H=9。

TRB(定时器重新加载控制位):用于复位片内定时器。当 TRB=1 时,预标定分频系数和定时器周期寄存器(PRD)中的数据分别加载到定时器预标定计数器和定时器(TIM)中。该例中设置 TRB=1。

TSS(定时器停止控制位):用于停止或启动定时器。当 TSS=0 时,定时器启动开始工作;当 TSS=1 时,定时器停止工作。该例中设置 TSS=0。

TDDR(预标定分频系数):最大的预标定值为 16,最小值为 1。按照这个分频系数,定时器对时钟输出信号 CLKOUT 进行分频,分频是通过 PSC 进行的。复位或减为 0 时,TDDR 自动加载到 PSC 上,开始新一轮计数。该例中设置 TDDR=1001H=9。

最后程序中设置 TCR=669H。

(2) 设置定时寄存器 TIM(地址 0025H)：复位时，TIM 和 PRD 为 0FFFFH，TIM 由 PRD 中的数据加载。

(3) 设置 PRD(地址 0026H)：因为输出脉冲周期为 20ms，所以定时中断周期应该为 10ms，每中断一次，输出端电平取反一次。

定时时间计算公式：

$$t = T \times (1 + \text{TDDR}) \times (1 + \text{PRD}) = 10(\text{ms}) \tag{3-22-1}$$

CLKOUT 主频 $f = 16.384\text{MHz}$，$T = 61\text{ns}$，给定 TDDR$=9$，则有

$$\text{PRD} = \frac{t}{T \times (1 + \text{TDDR})} - 1 = \frac{10 \times 10^{-3}}{61 \times 10^{-9} \times (1 + 9)} - 1 \approx 16392.44 \tag{3-22-2}$$

2. 定时器是对 C5402 的主时钟 CLKOUT 进行分频的

CLKOUT 与外部晶体振荡器频率(在本实验系统中外部晶体振荡器的频率为 16.384MHz)之间的关系由 C5402 的 CLKMD1(K101)、CLKMD2(K102)和 CLKMD3(K103)三个引脚电平值决定，具体关系如表 3-22-1 所示。

表 3-22-1 CLOCK MODE 与 C5402 的三个引脚的电平值关系

CLKMD1	CLKMD2	CLKMD3	CLOCK MODE
0	0	0	PLL×15
0	0	1	PLL×10
0	1	0	PLL×5
1	0	0	PLL×2
1	1	0	PLL×1
1	1	1	1/2
1	0	1	1/4

在本实验系统中使用的主时钟频率为 81.925MHz(CLKMD1＝0，CLKMD2＝1，CLKMD3＝0)。

3. 中断初始化

(1) 中断屏蔽寄存器(IMR)中的定时屏蔽位 TINT0 置 1，开放定时器 0 中断。

(2) 状态控制寄存器 ST1 中的中断标志位 INTM 位清零，开放全部中断。

三、实验仪器

双踪示波器	1 台
数字信号处理模块 S4	1 块
DSP 仿真器	1 个

四、实验步骤

(1) 阅读系统提供的例题程序，编写并实现 20ms 溢出率的定时程序，使 DSP 的 XF 脚每 20ms 电平变化一次，即使其对应的发光二极管闪烁，用示波器检测 XF(TP616)上的信号周期是否正确。

(2) 阅读 TLC5608 D/A 转换芯片的资料，编写 D/A 转换的软件，使 8 路 D/A 分别输出锯齿波。

（3）阅读 TLC1572 A/D 转换芯片的资料，编写 A/D 转换的软件，使 8 路 D/A 分别输出采集到的输入信号。

五、实验报告

1. 总结定时器/计数器、DSP 缓冲串口的原理与应用，并写出各寄存器的控制字。
2. 给出相应程序的框图。

实验二十三　　CPLD 可编程开发单元

一、实验目的

1. 了解 CPLD 可编程器件 EPM 3128 的特性。
2. 熟悉 CPLD 可编程控制信号输出波形。
3. 掌握 CPLD 可编程输出信号的产生方法。

二、实验原理

(一) CPLD 可编程器件 EPM3128

EPM3128 是 MAX3000 系列中的一款高性能、高密度的 CMOS CPLD 器件,在制造工艺上采用先进的 CMOS EEPROM 技术。EPM3128 器件是较早支持在线编程的产品,其主要特点如下:

(1) 采用第二代多阵列矩阵(MAX)结构;

(2) 器件的规模为 600～5000 个可用门;

(3) 工作频率可达 151.5MHz;

(4) 工作电压为 3.3V,支持在系统编程(ISP);

(5) 具有可编程加密位,可对芯片内的设计加密。

MAX3000 系列器件的结构主要是由逻辑阵列块(LAB)以及它们之间的连线构成的,每个 LAB 由 16 个宏单元组成,多个 LAB 通过可编程连线阵列(PIA)和全局总线连接在一起。CPLD 是通过修改具有固定内部电路的逻辑功能来编程的。

EPM3128 在系统编程时无需专门的编程器,器件安装在系统中后,用户可以在不改变电路结构或电路板硬件设置的情况下,不必拔出芯片即可为重构逻辑而对芯片进行编程或重新编程。这将使设计修改更加方便,逻辑功能更加灵活,编程更加快捷。

通过对 CPLD 器件 EPM3128 进行编程,可实现实验所需波形的输出。

(二) 在本实验平台中 CPLD 的作用

(1) 完成电平转换,DSP 的 I/O 电平为 3.3V,而它的外设电平为 5V,因此它们间不能直接相连。

(2) 产生主机接口的控制信号,实验平台中 AT89C51 作为 DSP 的主机,用于将各演示程序通过主机接口从 EPROM 装入 DSP 中。

(3) 产生 DSP 外设的控制信号,如 A/D、D/A 的片选信号。

三、实验报告

1. 描述 CPLD 可编程器件 EPM3128 的结构与特性以及它在本系统中的作用。
2. 查阅 DSP 主机接口的资料,使用 CPLD 编程产生主机接口中的控制信号。

实验二十四　抽样定理的数字滤波恢复

一、实验目的

1. 进一步掌握 DSP 的开发与应用。

2. 掌握用 DSP 程序实现数字滤波恢复。

二、实验原理

编写 DSP 程序,主要功能是由 DSP 产生抽样信号和被抽样信号,并采集抽样信号,用数字滤波器恢复原始信号。3 路信号同时由 8 路 D/A 输出:第一路为截止频率为 500Hz 的数字低通滤波器,用于恢复抽样信号,对应测试点为 TP1;第二路为被抽样信号为 500Hz,对应测试点为 TP3;第三路为抽样脉冲信号为 2kHz 方波,对应测试点为 TP2(图 3-24-1)。

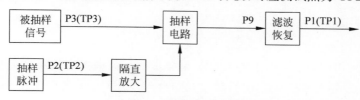

图 3-24-1　3 路信号对应测试点

用本实验箱提供的元器件设计一个隔直放大电路,目的是把 D/A 输出的抽样信号放大到抽样定理模块电路的要求电压。

抽样电路由模块 S3 完成。

滤波恢复电路由模块 S4 完成。输入点为 P9,恢复输出为 P1。

三、实验步骤

(1) 编写程序,我们提供了相应的源程序,可参考;也可自己编写程序,需要配备相应的仿真器。已把代码固化在 EEPROM 中,只要 SW1 拨为 00000111,按下 S2,即可运行程序。

(2) 搭建隔直放大电路。隔直放大(电容隔直,比例电路放大)电路在实验箱模块 S9 的运算单元搭建。放大倍数为 2。用于将抽样信号放大,抽样脉冲信号为 2kHz 方波,由模块 S4 的 P2 提供。

(3) 将放大后的抽样信号 P2 和模块 S3 的 P19 相连,并连接模块 S4 的 P3 和模块 S3 的 P17。将抽样定理模块的开关拨为"外部"。

(4) 在抽样定理模块的 TP20 观测抽样后的结果。

(5) 连接模块 S3 的 P20 和模块 S4 的 P9,用示波器观测 DSP 低通滤波器处理后的恢复输出波形,测试点为 TP1。

实验二十五　计算机与单片机通信接口

一、实验目的

1. 熟悉 RS-232 接口电路的作用与电路组成。
2. 掌握计算机与实验平台串行通信的方法。
3. 掌握计算机与实验平台串行通信的软件编程及运行程序。

二、实验原理

实验平台设有专门用于与外部计算机串行通信的接口电路,它采用 RS-232 标准。下面首先介绍 RS-232 标准和 RS-232 接口芯片,然后介绍计算机与平台串行通信的实验电路。

(一)RS-232 接口电路

1. RS-232C 标准

EIA RS-232C(现在已发展到 RS-232E)是异步串行通信中应用最广的标准总线,它包括按位串行传输的电气和机械方面的规定,适用于数据终端设备(DTE)和数据通信设备(DCE)之间的接口。一个完整的 RS-232C 接口有 22 根线,采用标准的 25 芯插头座。其中15 根引线组成主信道通信,其他则为未定义和供辅信道使用的引线。辅信道也是一个串行通道,但其速率比主信道低得多,主要是传送通信电路两端所接的调制解调器的控制信号。大多数计算机应用系统或智能单元之间只需要使用 3~5 根信号线路即可工作,其中包括两个方向的数据线和一对握手信号线 RTS 和 DSR,另外一条是公用的信号地线。实验平台上不用握手信号,采用了最简单的 3 线连接方式。

由于 RS-232C 是早期为促进公用电话网络进行数据通信而制定的标准,其逻辑电平对地是对称的,完全与 TTL、CMOS 逻辑电平不同。RS-232 的逻辑电平规定:逻辑 0 电平为+5~+15V,逻辑 1 电平为-15~-5V。因此具有 RS-232C 电平的器件与具有 TTL 电平的器件要互相连接必须先经过电平转换。表 3-25-1 为现行的 EIA/TIA RS-232E,CCITTV.28 标准摘要。

RS-232C 标准由于发送器和接收器之间具有公共信号地,不可能采用双端信号,只能采用单端信号即不平衡传输方式。因此,共模噪声会耦合到信号系统中。这是迫使 RS-232C使用较高传输电压的主要原因,即便如此,该标准的信号传输速率也只能达到 20KB/s,而且最大通信距离仅为 30m,只有这种条件下才能可靠地进行数据传输。

表 3-25-1　EIA/TIA、RS-232E、CCITTV.28 标准摘要

参　数		条　件	备　注
发送器输出电压	0 电平	3~7kΩ 负载	+5~+15V
	1 电平	3~7kΩ 负载	-15~-5V
	最大输出电压	空载	±25V

续表

参 数		条 件	备 注
数据速率		$3k\Omega \leqslant R_L \leqslant 7k\Omega$ $C_L \leqslant 2500pF$	最高 20KB/s
接收器输入电压	0 电平		$+3 \sim +15V$
	1 电平		$-15 \sim -3V$
	最大输入电压		$\pm 25V$
最大瞬时转换速率		$3k\Omega \leqslant R_L \leqslant 7k\Omega$ $C_L \leqslant 2500pF$	$30V/\mu s$
发送器最大输出短路电流			100mA
驱动器输出变化率		V. 28	1ms 或 3% 周期
		EIA/TIA RS-232E	4%/周期
发送器输出电阻		$-2V <$ 输出电压 $< +2V$	300Ω

由于实验平台的信号电平使用 TTL/CMOS 电平,外部计算机内的发送器、接收器采用 RS-232C 电平。当计算机与平台进行串行通信时,必须加入电平转换器,把平台的 TTL/CMOS 电平转换为计算机接口的 RS-232 电平。这类电平变换器有许多产品,平台上选用具有电平转换功能的 MAXIM 公司 200 系列的 MAX202 收发器。

2. MAX202 收发器

MAX200 系列(MAX200-MAX211/ MX213)收发器是一种集发送器与接收器于一体同时具有电平转换功能的接口电平转换电路,它可把 TTL/CMOS 电平与 RS-232 电平互换,是专为使用 ±10V 或 ±12V 电源的 RS-232 与 V. 28 通信接口而设计。收发器使用 +5V 输入电源,片内设有充电泵式的电压变换器,把 +5V 变换为 ±10V 以便提供 RS-232 输出电平。其中 MAX209 内部的电压变换器将 +5V 变换为 ±12V,故它们可提供 ±12V 的 RS-232 输出电平,比其他型号输出电平更高,传输距离更远。

MAX200-MAX211/MAX213 收发器在数据传输速率为 20KB/s 时满足所有 EIA/TIA-232E 与 CCITTV.28 标准。在数据传输速率超过 120KB/s 时发送器可输出 ±5V EIA/TIA-232E 输出信号电平,符合 EIA/TIA-232E 标准。

(二)计算机与实验平台串行通信电路

图 3-25-1 为计算机与实验平台串行通信实验的框图。

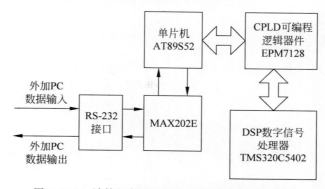

图 3-25-1 计算机与实验平台串行通信实验的框图

（三）程序下载与运行结果读取原理（本项实验内容放到课题设计中进行）

（1）程序下载：运行 PC 与信号系统实验平台的中文管理程序，PC 通过我们提供的中文界面选择要装载的文件（如 DSP 应用程序）或数据（如滤波器设计），通过 RS-232 串口送入主机单片机 U102，U102 通过主机接口将 PC 送来的程序或数据发给 DSP，PC 发送运行命令给 U102，U102 复位并使 DSP 运行装载的程序。

注：DSP 的目标程序必须转换成两个 8 位数据文件后才能下载。方法是在 DOS 下运行 TI 公司提供的 HEX500，如\HEX500 * .OUT 并按回车键即可将 * .OUT（学生自编）文件转换成 * .X00 和 * .X01 二个 8 位数据文件。

（2）DSP 中数据读取：DSP 将运行结果存于 DRAM 中，主机 AT89C52 通过主机接口读取数据并通过 PC 与主机间的异步口送给 PC（如频谱分析）

（3）运行 PC 与信号系统实验平台的中文管理程序，按下"信号与系统应用"按钮，装载已编译好的目标文件，按下"运行"按钮即可使 DSP 运行装载的程序。

三、实验内容

1. 熟悉 RS-232 接口电路的标准和电路组成。
2. 用高级语言编写 PC 异步串口的通信程序。
3. 用 51 单片机汇编语言编写单片机与 PC 的通信程序。
4. 参阅 DSP 主机接口的有关资料，编写单片机通过主机接口读写 DSP 中 DRAM 中数据的程序。

四、实验报告

1. 画出计算机与实验平台串行通信的电路，说明 MAX202 芯片的作用。
2. 描述 DSP 的 HPI 接口的工作原理，给出 DSP 和主机 AT89C51 通信的程序框图。

第4章

音频信号处理实验(选)

在信号与系统实验教材中,音频信号处理实验是非常重要的一部分,它是运用数字信号处理技术对音频信号进行处理和分析。音频信号处理实验旨在培养学生的实际操作能力和创新思维,让学生了解数字信号处理技术在音频信号处理中的应用。本章共包括 5 个选做实验,通过本章的学习,可以掌握数字信号处理技术在音频信号处理中的应用方法和实际操作能力,从而提高自身创新设计能力和实践能力。同时,也为今后从事信号处理等相关领域的研究和工作打下坚实的基础。

实验二十六　音频信号采集与观测实验

视频

一、实验目的

1. 了解音频信号的特点;
2. 了解音频的数字化的抽样频率及数字化过程;
3. 使用上层软件观测音频数据时域波形,并采集一段音频数据试听。

二、实验仪器

数据采集和虚拟仪器模块 (S10)	1 块
USB-D 头连接线	1 根
示波器	1 台
耳麦	1 副

三、实验原理

1. 音频信号介绍

语音信号是携带音频信息的音频声波,经过声电转换就可得到音频的电信号,而语音信号的数字处理基于音频信号的数字化表示,模拟音频信号经过 A/D 转换后可得到离散的音频信号数字化抽样。语音的数字化抽样值以文件形式存储到计算机中,就可以用到有关工具程序或者自编程序读出并显示在计算机屏幕上,得到便于观测分析的音频时域波形图。

根据语音的日常应用,语音可大致分为窄带(电话带宽为 300～3400Hz)音频、宽带(7kHz)音频和音乐带宽(20kHz)音频,窄带音频的抽样频率通常为 8kHz,一般应用于音频通信中,宽带(7 kHz)音频抽样频率通常为 16 kHz,一般用于要求更高音质的应用中,如电视会议,20kHz 带宽音频适用于音乐数字化,抽样频率高达 44.1kHz。由于在以后的实验中都是以话音为研究单元,在音频数字化过程中统一使用了 8kHz 的抽样频率。

图 4-26-1 是某段歌曲的时域波形图,该音频段的频谱宽度为 300～3400Hz,抽样频率为 8kHz,持续时间为 0.1s。从图中可以看出,音频信号有很强的"时变特性",有些波段具有很强的周期性,有些波段具有很强的噪声特性,且周期性音频和噪声性音频的特征也在不断变化中。

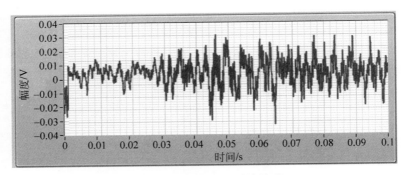

图 4-26-1   音频信号时域波形

音频按激励形式可以分为以下两类:

(1) 浊音:当气流通过声门时,如果声带的张力刚好使声带发生张弛振荡式的振荡,产生一股准周期的气流,这一气流激励声道就产生浊音。

(2) 清音:当气流通过声门时,如果声带不振动,而在某处收缩,迫使气流以高速通过这一收缩部分而产生湍流,就得到清音。

图 4-26-2 给出了清音和浊音的波形图。

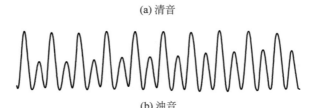

(a) 清音

(b) 浊音

图 4-26-2   清音和浊音的波形图

2. 音频编解码芯片 PCM2912

PCM2912 是一款带有集成耳机驱动器的极低功耗、高质量音频编码解码器,专为便携数字音频应用而设计。该器件可以提供 CD 音质的音频录音和回放,为 16Ω 的负载提供 50mW 的输出功率。

- 带有集成耳机驱动器的立体声音频编解码器（50mW on 16Ω @ 3.3V）；
- 2.7～3.6V 模拟电源电压(标准版)；
- 回放模式下功耗＜18mW；
- 100dB 信噪比('A' weighted @ 48kHz)的数模转换器；
- 90dB 信噪比('A' weighted @ 48kHz)的模数转换器；
- 抽样频率范围为 8～48kHz；
- 主时钟或者从时钟模式；
- USB 时钟模式可以从 USB 时钟直接生成一般 MP3 的所有抽样频率(incl. 44.1kHz)；
- 输出音量和静音控制；
- 传声器输入和带有侧音混频器的驻极体偏压；
- 可选择的模数转换器高通滤波器；
- 2 线或 3 线微处理器(MPU)串行控制接口；
- 可编程音频数据接口模式。

3. 实验介绍

本实验将完成音频的数字化处理过程,并实现音频的录放和采集。

音频信号抽样的结构图如图 4-26-3 所示。

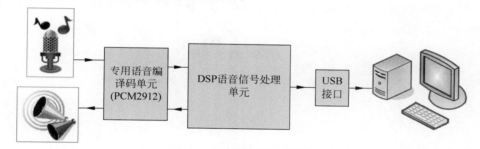

图 4-26-3　音频信号抽样的结构图

音频通过传声器进入 PCM2912,经过语音编译码单元 PCM2912 处理并完成数字化后,进入 DSP 完成音频的回放和传输,PC 端收到音频信号后,可以完成音频信号的时域观测和频域分析。

LTE-XN-02 虚拟软件界面如图 4-26-4 所示。在该软件中可以看到原始波形和处理后波形两个窗口,分别可以观测音频信号的轮廓和处理后的输出观测,且时间轴可调可具体观测波形的细节。

四、实验步骤

在实验中使用 PC 端的数字信号处理系统软件(LTE-XN-02),观测音频信号的时域波形。

（1）设备外部的头戴式耳机,将 MIC 和 PHONE 接头分别连接至 ⑤10 号模块的 MIC1 与 PHONE1 接口。

（2）将实验模块上的"话筒输出"端口 TH3 连接至"ADC 输入"端口 TH2,即将话筒音频输出信号引入至数据采集单元。

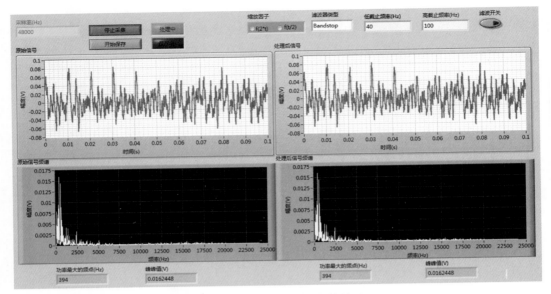

图 4-26-4　LTE-XN-02 软件界面

（3）用 USB 线连接计算机和模块 S10，模块 S10 开电。

（4）运行 LTE-XN-02 软件，单击软件下方的"实时信号处理"功能项，再选择"采样率（Hz）"，如 22050，然后单击"开始采集"按钮。

（5）在原始信号显示窗口中观测实时采集到的话筒音频数据。

（6）单击"开始保存"按钮，启动信号保存功能，保持说话一段时间，然后再单击"开始保持"按钮，系统自动保存刚才的内容。（注：保存的音频 wav 文件默认在 D 盘根目录下。）

（7）单击软件下方的"数据读取"功能项。设置路径，在 D 盘根目录下找到保存的 WAV 音频文件，然后单击"读取数据"按钮，则可以在原始信号显示窗口中观测已保存的音频数据。改变"扫描宽度"，查看展开或收缩的波形。

（8）用示波器探头接模块 S10 的"DAC 输出"。点选"播放选择"中的"原始信号"，然后单击"播放"按钮，观测音频信号。此时也可以通过耳机听到音频数据。

（9）适当旋转"幅度调节 W1"电位器，改变 AD 抽样前端的信号幅度，再观测波形变化。

实验二十七　音频信号采集与 FFT 频谱分析实验

一、实验目的

1. 了解音频信号的频率成分；
2. 采集一段音频语音进行 FFT 频谱分析。

二、实验仪器

数据采集和虚拟仪器模块 (S10)	1 块
USB-D 头连接线	1 根
示波器	1 台
耳麦	1 副

三、实验原理

语音的产生是一个复杂的过程，语音信号的最终形成包含众多因素，包括心理和生理等方面的一系列动作，因此语音信号是较为复杂的音频信号。语音信号包含众多的频率成分，有些频率成分对于语音的产生有比较大的影响，缺少了语音的语义就会完全失真；有些频率成分则是噪声信号，缺少了对语音的音频基本没有影响。

图 4-27-1 是某段真人发声的时域和频域波形图，该音频段的频谱宽度为 $300\sim3400\,\mathrm{Hz}$，抽样频率为 $8\,\mathrm{kHz}$，持续时间为 $0.1\,\mathrm{s}$。下面对信号进行频谱分析。

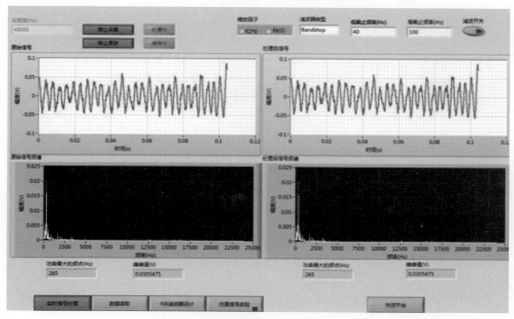

图 4-27-1　音频信号时域及频域波形图

可以看出音频信号从几十赫兹到 1500Hz 频段都有频率分布,在该频段上各个频率对应幅度也有不同。每个频率成分都是怎么产生的,又有什么样的作用,这就是音频信号频域分析需要注意的问题。

四、实验步骤

在实验中,使用 PC 端的 LTE-XN-02 软件,观测音频信号的时域波形。

(1) 麦克风和耳机分别连接至 ⑤10 号模块上的 MIC1 与 PHONE1 接口。

(2) 将"话筒输出"TH3 连接至"ADC 输入"TH2,即将话筒音频输出信号引入至数据采集单元。

(3) 用 USB 线连接计算机和模块 ⑤10,模块 ⑤10 开电。

(4) 运行 LTE-XN-02 软件,单击软件下方的"实时信号处理"功能项,再选择"采样率(Hz)",如 22050,然后单击"开始采集"按钮。

(5) 在原始信号频谱显示窗口中观测实时采集到的音频信号频域波形。

实验二十八　音频信号采集与尺度变换实验

一、实验目的

1. 了解语音信号数字化的方法；
2. 掌握语音信号时域频域有关特性：时域波形和频域频谱。

二、实验仪器

数据采集和虚拟仪器模块 Ⓢ10　　　1 块
USB-D 头连接线　　　　　　　　　1 根
示波器　　　　　　　　　　　　　1 台
耳麦　　　　　　　　　　　　　　1 副

三、实验原理

尺度变换是指信号在时域进行压缩或者扩展,该信号在频域也会进行扩展和压缩,其表示如图 4-28-1 所示。

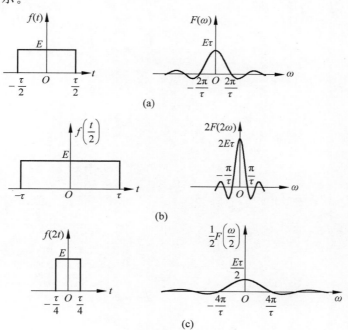

图 4-28-1　尺度变换的性质

若 $f(t) \leftrightarrow F(\omega)$,则

$$f(at) \leftrightarrow \frac{1}{|a|} F\left(\frac{\omega}{a}\right)$$

式中,a 为非零常数。

如图 4-3-1 所示,以矩形脉冲为原始信号进行尺度变换的两个例子。尺度变换的物理含义是,当信号在时域进行压缩,即当 $a>1$ 时,其频谱将在频域进行相应的扩展;当信号在时域进行扩展,即当 $0<a<1$ 时,其频谱将在频域进行压缩。

尺度变换所描述的信号在时域和频域中相互制约的反比关系是一个很重要的性质,在信号与系统的分析与综合中往往要涉及这个性质。例如,在数据通信网的发展历程中,为了得到高速的传输速率,就必须提高传输媒质的带宽,由此而导致了传输媒质从铜线电缆到光缆的变迁。之所以时域压缩会导致频域扩展,而时域扩展会导致频域压缩,是因为时间坐标尺度的变化会改变信号变化的快慢,当时间坐标尺度压缩时,信号变化加快,因而频率提高了;当时间坐标扩展时,信号变化减慢,因而频率也就降低。

例如,播放一盒音乐磁带时,若播放的速度和录制的速度不同,则人耳所听到的效果将会不同:若播放的速度快于录制速度(相当于时间压缩),则整个音调将会提高(相当于频域扩展,高频分量增加),特别是在快放时,音调的提高将会非常明显;反之,若播放的速度慢于录制速度(相当于时间扩展),则音调将会降低(相当于频域压缩,低频分量增强),此时所听到的音乐将使人感到非常沉闷。另外,当火车高速朝人们行驶过来时,会明显地感觉到汽笛声调的变高,这也是尺度变换的一个例子。

如图 4-28-2 所示,在本实验平台中,尺度变换是通过对语音的数据文件提高或减慢播放速度来实现的,通过对原始信号、快速播放信号、减速播放信号的频谱分析,加深对尺度变换的理解。

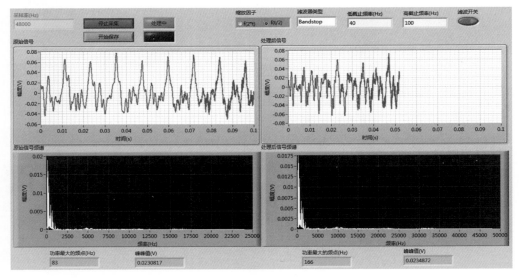

图 4-28-2　尺度变换

四、实验步骤

(一) 对实时信号进行尺度变换观测

(1) 麦克风和耳机分别连接至模块 S10 的 MIC1 与 PHONE1 接口。

（2）将"话筒输出"TH3连接至"ADC输入"TH2,即将话筒音频输出信号引入至数据采集单元。

（3）用USB线连接计算机和模块⑤10,模块⑤10开电。

（4）运行LTE-XN-02软件,单击软件下方的"实时信号处理"功能项,再选择"采样率（Hz）",如22050,然后单击"开始采集"按钮。

（5）点选"缩放因子"中的"f(t/2)",在处理后信号显示窗口中观测尺度变换后的时域波形,并与原始信号显示窗口中的波形进行比较。再观测处理后信号频谱显示窗口和原始信号频谱显示窗口,比较处理后信号频谱和原始信号频谱。

（6）点选"缩放因子"中的"f(2t)",在处理后信号显示窗口中,观测尺度变换后的时域波形,并与原始信号显示窗口中的波形进行比较。再观测处理后信号频谱显示窗口和原始信号频谱显示窗口,比较处理后信号频谱和原始信号频谱。

（二）录制自己的一段音频信号,对该信号进行尺度变换分析

（1）启动"开始采集"后,单击"开始保存"按钮,启动信号保存功能,保持说话一段时间,再单击"开始保持"按钮,系统自动保存了刚才的内容。（注：保存的音频wav文件默认在D盘根目录下。）

（2）单击软件下方的"数据读取"功能项。设置路径,在D盘根目录下找到保存的WAV音频文件,然后单击"读取数据"按钮,可以在原始信号显示窗口中观测已保存的音频数据。改变"扫描宽度",查看展开或收缩的波形。

（3）用示波器探头接模块⑤10的"DAC输出"。点选"播放选择"中的"原始信号",然后单击"播放"按钮,观测原始音频信号。此时也可以通过耳机听到音频数据。

（4）点选"缩放因子"中的"f(t/2)",单击"信号处理"按钮,则在处理后信号显示窗口中观测尺度变换后的时域波形,并与原始信号显示窗口中的波形进行比较。再观测处理后信号频谱显示窗口和原始信号频谱显示窗口,比较处理后信号频谱和原始信号频谱。

（5）用示波器探头接模块⑤10的"DAC输出"。点选"播放选择"中的"处理后信号",然后单击"播放"按钮,观测处理后信号。此时也可以通过耳机听到音频,感受尺度变换后的效果。

（6）点选"缩放因子"中的"f(2t)",单击"信号处理"按钮,则在处理后信号显示窗口中,观测尺度变换后的时域波形,并与原始信号显示窗口中的波形进行比较。再观测处理后信号频谱显示窗口和原始信号频谱显示窗口,比较处理后信号频谱和原始信号频谱。

（7）用示波器探头接模块⑤10的"DAC输出"。点选"播放选择"中的"处理后信号",然后单击"播放"按钮,观测处理后信号。此时也可以通过耳机听到音频,感受尺度变换后的效果。

实验二十九　音频信号带限处理与 FIR 数字滤波器设计实验

一、实验目的

1. 了解数字滤波器的作用与原理；
2. 了解数字滤波器的设计实现过程。

二、实验仪器

数据采集和虚拟仪器模块 S10	1 块
USB-D 头连接线	1 根
示波器	1 台
耳麦	1 副

三、实验原理

当我们仅对信号的某些分量感兴趣时，可以利用选频滤波器，提取其中有用的部分，而将其他滤去，滤波器的一项基本任务即对信号进行分解与提取。

目前，DSP 系统构成的数字滤波器已基本取代了传统的模拟滤波器，数字滤波器与模拟滤波器相比具有许多优点。用 DSP 构成的数字滤波器具有灵活性好、精度高、稳定性高、体积小、性能好、便于实现等优点。因此，在这里选用了数字滤波器来实现信号的分解。

四、实验步骤

本实验将通过设计一个抽样频率为 48kHz、截止频率为 1kHz 的 FIR 低通滤波器来学习数字滤波器的作用与设计实现。实验步骤如下。

（1）将模块 S10 通过 USB 连接到计算机上。

（2）运行 LTE-XN-02 软件，单击软件下方的"FIR 滤波器设计设置"功能项。

（3）按照图 4-29-1 设置滤波器参数。

图 4-29-1　滤波器参数设置示意

将滤波器类型设置为 Lowpass，低截止频率（Hz）设置为 1000，高截止频率（Hz）设置此时无效，阶数设置为 151，窗设置为 Flat Top，主时钟频率（Hz）设置为 44100。

（4）单击"生成系数"按钮，然后单击"系数导出"按钮。导出的 DAT 文件默认放在 D 盘根目录下。

（5）在 D 盘根目录下找到所导出的 dat 文件，用记事本打开，将其中的"，"（注：全角）全部替换为",",(注：半角) 然后复制数据。

（6）打开信号发生器与实时处理系统软件，单击滤波器配置(图 4-29-2)，选择自定义模式，将复制的滤波器参数粘贴到滤波器系数窗口内，单击"保存""确定"按钮。

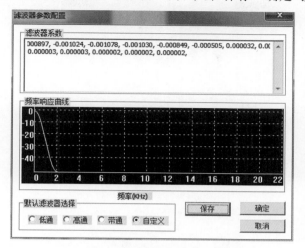

图 4-29-2　滤波器参数配置示意

（7）将模块 ⑤2 的模拟输出 P2 连接到 ADC 输入 TH2，按模块 ⑤2 的 S4 选择方波，调节频率为 500Hz，观测时域频域波形(图 4-29-3)。

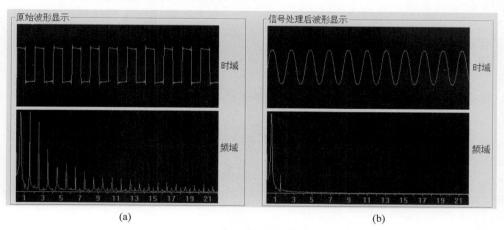

（a）　　　　　　　　　　　　　　　　（b）

图 4-29-3　时域频域波形

（8）通过以上的例子，自行设计带通、高通、带阻等 FIR 数字滤波器。

五、实验报告

1. 描述数字滤波器的设计方法。
2. 绘出低通滤波器的幅频特性曲线。

视频

实验三十　信号卷积与过程展示实验

一、实验目的

1. 了解卷积过程。
2. 观测不同信号之间的卷积。

二、实验仪器

数据采集和虚拟仪器模块 (S10)　　　1 块

USB-D 头连接线　　　　　　　　　1 根

三、实验原理

在 LTE-XN-02 软件中还具有信号卷积及过程展示功能。有正弦波、三角波、方波、锯齿波四种波形可选择,频率可选,能观测这几种波形之间的卷积输出结果。方波占空比改变。

四、实验步骤

(1) 用 USB 线连接计算机和模块 (S10),模块 (S10) 开电。

(2) 运行 LTE-XN-02 软件,单击软件下方的"仿真信号实验"功能项。

(3) 观测方波与三角波的卷积。

① 设置软件左上方的"波形选择"为方波,"频率选择"为 500Hz,"方波占空比"为 50%,然后单击"系统信号生成"按钮。

② 设置软件右上方的"波形选择"为锯齿波、"频率选择"为 500Hz,然后单击"卷积信号生成"按钮。

③ 单击"卷积处理"按钮,则可观测到卷积输出结果。为方便观测卷积输出,可自行改变卷积输出的坐标轴参数,展开波形。

(4) 再观测其他信号之间的卷积。

参 考 文 献

[1] 郑君里,应启珩,杨为理.信号与系统[M].3 版.北京：高等教育出版社,2019.

[2] 承江红,谢陈跃.信号与系统仿真及实验指导[M].北京：北京理工大学出版社,2009.

[3] 刘泉,江雪梅.信号与系统[M].2 版.北京：高等教育出版社,2020.

[4] 余成波,张莲,邓力.信号与系统[M].北京：清华大学出版社,2004.

[5] 范世贵.信号与系统常见题型解析及模拟题[M].西安：西北工业大学出版社,1999.

[6] 杨龙麟,刘忠中,唐伶俐.电路与信号实验指导[M].北京：人民邮电出版社,2004.